国家出版基金项目
NATIONAL PUBLICATION FOUNDATION

"十三五"
国家重点出版物出版规划项目

陆战装备科学与技术·坦克装甲车辆系统丛书

装甲车辆机电复合传动系统
模式切换控制理论与方法

Mode Switch Control of Electromechanical Compound Transmission of Armored Vehicle: Theory and Methods

项昌乐 马越 著

北京理工大学出版社
BEIJING INSTITUTE OF TECHNOLOGY PRESS

内 容 简 介

新时期战争形态的演变，催生了以电能利用为基础的新一代坦克装甲车辆性能的变革。大功率机电复合传动可同时输出机械能和电能，是实现变革的核心关键。本书主要论述了下一代装甲车辆用机电复合传动技术所特有的模式切换规律和模式切换品质控制理论与技术，对多模式机电复合传动系统建模、兼顾经济性与动力性的模式切换规律、滞环修正策略、模式切换稳定性、模式切换品质和转矩主动补偿协调控制等理论与方法进行了详细论述。本书对于从事机电复合传动与混合动力车辆系统设计和控制策略研究的本科生、研究生以及广大工程技术人员具有参考意义。

图书在版编目（CIP）数据

装甲车辆机电复合传动系统模式切换控制理论与方法 / 项昌乐，马越著 . —北京：北京理工大学出版社，2020.3
（陆战装备科学与技术·坦克装甲车辆系统丛书）
国家出版基金项目　"十三五"国家重点出版物出版规划项目　国之重器出版工程
ISBN 978-7-5682-8331-1

Ⅰ . ①装… 　Ⅱ . ①项… ②马… 　Ⅲ . ①装甲车 – 机电系统 – 开关控制 　Ⅳ . ①TJ811

中国版本图书馆 CIP 数据核字（2020）第 054342 号

出　　版 / 北京理工大学出版社有限责任公司		
社　　址 / 北京市海淀区中关村南大街 5 号		
邮　　编 / 100081		
电　　话 / （010）68914775（总编室）		
（010）82562903（教材售后服务热线）		
（010）68948351（其他图书服务热线）		
网　　址 / http://www.bitpress.com.cn		
经　　销 / 全国各地新华书店		
印　　刷 / 北京捷迅佳彩印刷有限公司		
开　　本 / 710 毫米 × 1000 毫米　1/16		
印　　张 / 17		责任编辑 / 梁铜华
字　　数 / 300 千字		文案编辑 / 梁铜华
版　　次 / 2020 年 3 月第 1 版　2020 年 3 月第 1 次印刷		责任校对 / 周瑞红
定　　价 / 86.00 元		责任印制 / 王美丽

专家委员会委员（按姓氏笔画排列）：

于　全　中国工程院院士

王　越　中国科学院院士、中国工程院院士

王小谟　中国工程院院士

王少萍　"长江学者奖励计划"特聘教授

王建民　清华大学软件学院院长

王哲荣　中国工程院院士

尤肖虎　"长江学者奖励计划"特聘教授

邓玉林　国际宇航科学院院士

邓宗全　中国工程院院士

甘晓华　中国工程院院士

叶培建　人民科学家、中国科学院院士

朱英富　中国工程院院士

朵英贤　中国工程院院士

邬贺铨　中国工程院院士

刘大响　中国工程院院士

刘辛军　"长江学者奖励计划"特聘教授

刘怡昕　中国工程院院士

刘韵洁　中国工程院院士

孙逢春　中国工程院院士

苏东林　中国工程院院士

苏彦庆　"长江学者奖励计划"特聘教授

苏哲子　中国工程院院士

李寿平　国际宇航科学院院士

李伯虎	中国工程院院士
李应红	中国科学院院士
李春明	中国兵器工业集团首席专家
李莹辉	国际宇航科学院院士
李得天	国际宇航科学院院士
李新亚	国家制造强国建设战略咨询委员会委员、中国机械工业联合会副会长
杨绍卿	中国工程院院士
杨德森	中国工程院院士
吴伟仁	中国工程院院士
宋爱国	国家杰出青年科学基金获得者
张　彦	电气电子工程师学会会士、英国工程技术学会会士
张宏科	北京交通大学下一代互联网互联设备国家工程实验室主任
陆　军	中国工程院院士
陆建勋	中国工程院院士
陆燕荪	国家制造强国建设战略咨询委员会委员、原机械工业部副部长
陈　谋	国家杰出青年科学基金获得者
陈一坚	中国工程院院士
陈懋章	中国工程院院士
金东寒	中国工程院院士
周立伟	中国工程院院士

郑纬民　中国工程院院士

郑建华　中国科学院院士

屈贤明　国家制造强国建设战略咨询委员会委员、工业和信息化部智能制造专家咨询委员会副主任

项昌乐　中国工程院院士

赵沁平　中国工程院院士

郝　跃　中国科学院院士

柳百成　中国工程院院士

段海滨　"长江学者奖励计划"特聘教授

侯增广　国家杰出青年科学基金获得者

闻雪友　中国工程院院士

姜会林　中国工程院院士

徐德民　中国工程院院士

唐长红　中国工程院院士

黄　维　中国科学院院士

黄卫东　"长江学者奖励计划"特聘教授

黄先祥　中国工程院院士

康　锐　"长江学者奖励计划"特聘教授

董景辰　工业和信息化部智能制造专家咨询委员会委员

焦宗夏　"长江学者奖励计划"特聘教授

谭春林　航天系统开发总师

《陆战装备科学与技术·坦克装甲车辆系统丛书》
编写委员会

编者序

　　坦克装甲车辆作为联合作战中基本的要素和重要的力量，是一种最具临场感、最实时、最基本的信息节点和武器装备，其技术的先进性代表了陆军装备现代化程度。

　　装甲车辆涉及的技术领域宽广，经过几十年的探索实践，我国坦克装甲车辆技术领域的专家积累了丰富的研究和开发经验，实现了我国坦克装甲车辆从引进到仿研仿制再到自主设计的一次又一次跨越。在车辆总体设计、综合电子系统设计、武器控制系统设计、新型防护技术、电子电气系统设计及嵌入式软件设计、数字化与虚拟仿真设计、环境适应性设计、故障预测与健康管理、新型工艺等方面取得了重要进展，有些理论与技术已经处于世界领先水平。随着我国陆战装备系统的理论与技术取得重要进展，亟需通过一套系统全面的图书来呈现这些成果，以适应坦克装甲车辆技术积淀与创新发展的需要，同时多年来我国坦克装甲车辆领域的研究人员一直缺乏一套具有系统性、学术性、先进性的丛书来指导科研实践。为了满足上述需求，《陆战装备科学与技术·坦克装甲车辆系统丛书》应运而生。

　　北京理工大学出版社联合中国北方车辆研究所、内蒙古金属材料研究所、北京理工大学、中国人民解放军陆军装甲兵学院、南京理工大学、中国人民解放军陆军军事交通学院和中国兵器科学研究院等单位一线的科研和工程领域专家及其团队，策划出版了本套反映坦克装甲车辆领域具有领先水平的学术著作。本套丛书结合国际坦克装甲车辆技术发展现状，凝聚了国内坦克装甲车辆技术领域的主要研究力量，立足于装甲车辆总体设计、底盘系统、火力系统、防护系统、电气系统、电磁兼容、人机工程、质量与可靠性、仿真技术、协同作战辅助决策等方面，围绕装甲车辆"多功能、轻量化、网络化、信息化、全电化、智能化"的发展方向，剖析了装甲车辆的研究热点和技术难点，既体现了作者团队原创性科研成果，又面向未来、布局长远。为确保其科学性、准确性、权威性，丛书由我国装甲车辆领域的多位领军科学家、总设计师负责校审，最后形成了由24分册构成的《陆战装备科学与技术·坦克装甲车辆系统丛书》，具体名称如下：《装甲车辆概论》《装甲车辆构造与原理》《装甲车辆行驶原理》《装甲车辆设计》《新型坦克设计》《装甲车辆武器系统设计》《装甲车辆火控系统》《装甲防护技术研究》《装甲车辆机电复合传动系统模式切换控制理论与方法》《装甲车辆液力缓速制动技术》《装甲车辆悬挂系统设计》《坦克装甲车辆电气系统设计》《现代坦克装甲车辆电子综合系统》《装甲车辆嵌入式软件开发方法》《装甲车辆电磁兼容性设计与试验技术》《装甲车辆环境适应性研究》《装甲车辆人机工程》《装甲车辆制造工艺学》《坦克装甲车辆通用质量特性设计与评估技术》《装甲车辆仿真技术》《装甲车辆试验学》《装甲车辆动力传动系统试验技术》《装甲车辆故障诊断技术》《装甲车辆协同作战辅助决策技术》。

　　《陆战装备科学与技术·坦克装甲车辆系统丛书》内容涵盖多项装甲车辆领域关键技术工程应用成果，并入选"国家出版基金"项目、"'十三五'国家重点出版物出版规划"项目和工信部"国之重器出版工程"项目。相信这套丛书的出版必将承载广大陆战装备技术工作者孜孜探索的累累硕果，帮助读者更加系统、全面地了解我国装甲车辆的发展现状和研究前沿，为推动我国陆战装备系统理论与技术的发展做出更大的贡献。

丛书编委会

前　言

　　陆军是以占领及控制人类赖以生存的陆地为目的的武装力量。诞生于"一战"烽火中的坦克装甲车辆具备强大的直射火力、高度越野机动性和强大的装甲防护力，是陆军实施战场突击、占领和控制等作战的核心装备和决胜力量，被誉为"陆战之王"。

　　进入 21 世纪后，体系化作战、信息化作战和多域作战等新的作战模式对坦克装甲车辆的全域作战能力提出更高的要求。新一代陆战装备平台，集火力、机动、防护和信息四位一体，具有强大近距离突击能力和中程超视距打击能力，高速平顺的越野机动能力，主、被动防护相结合的综合防护能力，指挥控制感知高度融合的电气化、网络化信息战能力。上述目标的实现，需要大功率电能作为支撑。传统的坦克装甲车辆传动系统仅具有机械能输出能力，无法满足新一代坦克装甲车辆更高机动性要求以及对大功率电能的全新需求。大功率机电复合传动可以同时输出机械能和电能，推动坦克实施以电能利用为核心的性能变革，实现全地域机动、高毁伤火力、强生存防护和智能网联信息等全新特征，从而颠覆现有作战模式，重塑未来陆战战场形态。

　　大功率机电复合传动是以多段行星变速技术为基础，通过行星机构和发电机、电动机的协调实现功率分流或汇流传递和换段调速，减小对电机功率的需求的同时获得大功率机电无级传动性能，为车辆提供理想的动力输出特性和发电特性，并且获得高功率密度和提高传动效率。机电复合传动技术的应用，为装备带来以下巨大优势：

　　1. 坦克装甲车辆全地域机动性能的大幅提高

　　通过机械、电能复合能源的支持和发动机、发电机及电动机等多动力的协调控制，坦克装甲车辆在平原、高原、山地与戈壁等全地域机动作战性能大幅提升，战术机动性指标如加速性能、转向性能、最大爬坡度和制动性能等指标倍增，全面超过现役第三代主战装备。

大功率供电不仅为武器和信息系统提供所需电能，同时也可为坦克的主动悬挂系统供电，从而实现平均越野速度的提升，坦克车辆遂行战役包围、机动迂回、纵深突击的快速性大幅度提高；利用动力电池的负载均衡和储能功能，通过机电多功率流的精确调控，使得内燃机工作在最佳经济区，并可有效回收车辆制动能量，提升能量转换与传递效率，发动机燃油经济性提高 20% 以上，实现坦克装甲车辆作战半径的显著延长，同时降低后勤补给压力和作战成本，全面提高了坦克装甲车辆的战役机动性。

大功率机电复合传动通过提升输入转速和高紧凑机电融合设计，可达到更高的体积功率密度，从而为降低整车质量和体积做出贡献，使陆军主战装备具有更优的全球战略投送能力，实现战略机动性的跨越式提高。

2. 推动坦克装甲车辆火力性能的变革

机电复合传动提供的大功率电能使得电热化学炮、电磁炮等电能武器以及激光、微波等定向能武器的应用成为可能，大幅提升武器的毁伤威力和精确可控程度，推动下一代装甲装备火力性能的变革。

3. 提升坦克装甲车辆防护能力

大功率机电复合传动技术的应用，使装备既能实现寒区快速起动，又能在战场关闭发动机，由电池供电完成战车静默值守、作战和行驶等各项任务，降低车辆可见特征和红外特征，提高全天候作战性能。此外，机械动力设备的减少，能够弱化作战平台的噪声特征，有利于提高隐蔽性。同样，大功率电能供给也为电磁防护技术的应用奠定了基础，全面提升了坦克车辆的防护能力。

4. 提升坦克装甲车辆信息化、网络化和无人作战的能力

机电复合传动具有丰富的底层状态信息以及巨大的实时优化控制能力，为车辆内部设备和车际信息共享、高可用性和高可靠性无人化平台自主运行控制、实现无人驾驶奠定了基础。机电复合传动目前正在成为信息化、网络化和无人作战装备的首选动力传动技术。

总之，机电复合传动可实现大功率机电能量的高效转换与供给，同时输出用于车辆驱动的机械能和武器、信息与防护所需电能，从而成为新一代坦克装甲车辆的核心技术，也是世界各坦克强国竞相角逐的前沿制高点。

模式切换是大功率机电复合传动所独有的核心特征。模式切换过程是由车辆综合控制系统通过操纵离合器、制动器等元件的结合、分离，电机转矩、转速的调控以及发动机转速、转矩的调节来实现的，完成换段、换挡、工况转换

（直驶驱动、转向、制动等）以及装备机电复合传动车辆的行驶状态改变，达到拓展车辆的行驶速度和驱动能力范围，使装甲车辆自动适应复杂路面载荷，优化发动机、电动机、发电机、动力电池组和机械系统的工作点等目的，对于车辆性能的改善提升意义至关重要。

本书重点针对大功率机电复合传动的模式切换规律和品质控制开展了以下内容的论述：

（1）采用实验建模和理论建模相结合的方法建立了关键部件的数学模型，分析了机电复合传动的机械点分布和不同速比情况下的功率流情况，提出了一种考虑功率分配装置机械损失、具有较高精度的机电复合传动综合效率分析模型。

（2）针对具有多个工作模式的机电复合传动，设计了以车速、电池许用功率为输入参数的动力性模式切换规则，基于等效燃油最小化优化算法设计了以车速、油门开度、等效因子为输入参数的经济性模式切换规则。在 UDDS 工况下，将所提出的模式切换规则嵌入 ECMS 架构中，进一步改善了原有单参数模式切换规则在燃油经济性方面的缺陷。

（3）提出了利用滞回修正系数、减少频繁模式切换的优化策略。在基于 ECMS 设计的经济性模式切换规则基础上，引入修正因子，在保证良好燃油经济性的前提下减少模式频繁切换现象的发生。

（4）在模式切换品质控制方面，分析了系统矩阵的特征值分布及其稳定性特征，机电驱动模式、机械驱动模式与纯电驱动模式间的模式切换可以实现平滑过渡，使得车辆在模式切换前后不发生失稳现象，同时保持良好的驱动性能。

（5）提出了一种基于模型参考自适应（MRAC）的转矩协调控制策略。该策略采用超稳定性理论方法分别设计了线性补偿器和自适应反馈控制器，能够有效地降低车辆冲击度和离合器滑摩功。

（6）通过分析离合器接合过程中的过驱动问题，借鉴参考模型的思想，通过模型预测控制方法处理了约束控制问题，并规划出最优虚拟控制量，然后基于控制量最小化的分配方法将最优虚拟控制量通过适当的加权分配到实际控制量。相比 MRAC，仿真结果验证 MPCA 能够实现进一步提升离合器转矩补偿的效果，使得离合器滑摩响应速度更快、车辆冲击度更小、离合器的滑摩损失更低，显著地改善了离合器接合过程的切换品质。

上述结果经过了数字仿真、半实物仿真和台架测试验证，证明了所提出方法能够实现预期目标，具有良好的实用价值。

机电复合传动的模式切换规则和切换控制品质是混合动力坦克装甲车辆

动力性、燃油经济性以及作战性能的关键，是一个具有巨大发展潜力的新兴研究领域。作者力图将该领域国内外最新的研究成果和北京理工大学团队的相关成果与研究心得体会奉献给同仁和读者，以促进我国在该领域的技术创新和产品研发。受作者水平所限，而且机电复合传动技术仍在不断高速发展、快速迭代，本书虽经多次易稿修改，仍然难以尽如人意，谬误在所难免。望读者体谅作者初衷，欢迎提出批评和修改意见，共同推动我国坦克装甲车辆机电复合传动技术的研究与开发工作快速发展。

本书是车辆传动国防科技重点实验室北京理工大学分部动液组全体教师、研究生智慧的结晶。参加本书部分内容撰写和资料整理的有刘辉教授、王伟达副教授、韩立金副教授、何韡博士、黄琨博士、李奥同学和严琦同学。

项昌乐　马　越
2019年于车辆传动国防科技重点实验室

目　录

第 1 章

绪　　论

| 1.1　研究的背景及意义 |

　　我国陆地边界线长度世界第一，邻国数量众多，边境战略安全形势复杂。坦克装甲车辆是陆军实施机动打击和高效毁伤等地面作战的核心装备，能直接决定战场突击、占领和控制的成败，对于维护领土主权完整、海外利益安全等军事战略意义重大。

　　新时期战争形态的演变，催生了以电能利用为基础的新一代坦克装甲车辆性能的变革。集火力、机动、防护和信息四位一体，具有强大的近距离突击能力，中程超视距打击能力，高速平顺的越野机动能力和主被动防护相结合的综合防护能力，拥有指挥、控制、感知高度融合的电气化、网络化信息战的能力已成为新一代武器装备平台的主要发展方向。特别是进入 21 世纪后，体系化作战、信息化作战和多域作战等新的作战模式对陆战装备的全域机动能力提出更高的要求；电磁炮、电热化学炮、定向能武器等基于电能的新概念武器系统，以及主动防御、电磁装甲等新型防护系统的应用都对坦克装甲车辆的大功率供电能力提出了前所未有的要求；现代信息化战争中的指挥控制、电子对抗、探测、干扰等技术的应用，也需要大功率电能的支撑，具体体现在以下 5 个方面[1]：

　　（1）坦克装甲车辆全地域机动性能要求大幅提高。现代战争对坦克装甲车辆快速响应、全域机动作战以及提高战场生存能力的要求大大提高，对整车机动性指标，特别是对车速、加速性能、转向性能的要求显著提升。目前世界现役第三代主战坦克的主要机动性指标，如 0 ~ 32 km 加速时间 ≤ 8 s、最大车速 72 km/h、中心转向时间 ≤ 8 s 等，已无法满足未来高机动作战的要求。

（2）高能武器的供电能力要求大幅提高。随着电力推进技术、电热化学炮等大功率用电设备的应用，武器对电能的需求大量增加。世界现役第三代主战坦克的发电功率普遍不大于 20 kW，而未来新型主动防御系统、高能武器以及电磁装甲等装置的应用要求车载供电能力在 150 kW 以上，并且希望坦克装甲车辆平台兼具小型移动电站的功能，对其他地面装备或设施提供电能。

（3）节省燃料，增加作战半径，降低后勤补给压力和作战成本。利用动力电池的负载均衡和储能功能，我们可以调节内燃机，使其工作在最佳经济区，并可有效回收车辆制动能量，这样可提高传动效率，使发动机燃油经济性提高 20% 以上。

（4）装甲车辆隐蔽作战与防护特性大幅提高，既能实现寒区快速启动，又能在战场关闭发动机，由电池供电完成战车静默值守、作战和行驶等各项任务，降低车辆可见特征和红外特征，提高全天候作战性能。此外，机械动力设备的减少，能够弱化作战平台的噪声特征，有利于提高隐蔽性。

（5）网络化和无人作战的需求。控制系统网络化和自动化，易于实现无人驾驶、整车信息化、车辆群体控制、远程控制等功能。

总之，新技术条件下未来战争的电能武器应用、电子战应对、生存能力升级、机动性提高、战地服务能力增强的新需求和新特点，导致用电设备和用电功率需求大大增加。高机动性和大功率用电需求是未来战争中高机动武器平台设计的重要理念，以电能作为未来运用坦克装甲车辆的基础能源已经成为各国比较一致的思想。

机电复合传动可实现大功率机电能量的高效转换与供给，同时输出用于车辆驱动的机械能和武器、信息和防护所需电能，从而成为新一代坦克装甲车辆的核心技术，也是世界各坦克强国竞相角逐的前沿制高点。

机电复合传动，以多段行星变速技术为基础，通过行星机构和发电机、电动机的协调实现功率分流或汇流传递和换段调速，减小对电机功率的需求，可以实现大功率机电无级传动，为车辆提供理想的动力输出特性和发电特性，并且获得高功率密度和提高传动效率。一种典型的机电复合传动原理如图 1.1 所示，它主要包括耦合机构、电机 A、电机 B、转向电机、电机驱动器、左右汇流机构和综合控制器等组成。发动机的功率通过耦合机构分流，一部分经行星排驱动电机 B 发电，给电机 A 供电或给动力电池组充电，并根据需要给整车供电；另一部分经机械传递，与电机 A 输出的功率耦合，共同驱动车辆；通过耦合机构操纵元件的切换控制和电机转速的调控，机电复合传动的输出转速连续升高，实现无级变速，满足车辆的变速范围要求；通过转向电机、电机 A 和电机 B 的综合控制实现无级转向。

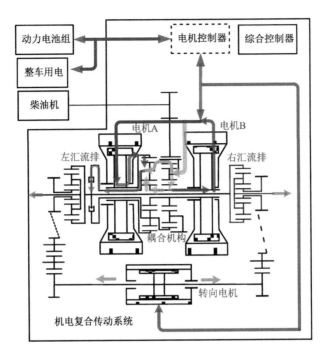

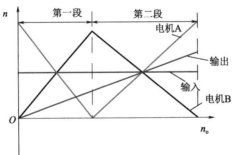

图 1.1　机电复合传动系统及某一工况功率流示意

　　将机电复合传动（Electro-Mechanical Transmission，EMT）技术应用于混合动力车辆（Hybrid Electric Vehicle，HEV），通过协调控制内燃机和电动机，可大幅提高车辆的燃油经济性和续航里程。一般机电复合传动包含单组或者多组行星齿轮排，用来实现机械功率与电功率分汇流的作用。当采用单组行星齿轮机构时，电机的工作模式通常保持固定，被称为单段机电复合传动，相应的车辆被称为单模混联式混合动力车辆，如图 1.2 所示；而双段机电复合传动在单段的基础上增加了一组行星齿轮机构和两个操纵元件（离合器和制动器），相应的车辆平台称为双模混联式混合动力车辆，如图 1.3 所示。相比于单段机电复合传动，双段机电复合传动通过改变电机的工作模式可实现电机转速的转折，两个电机的转速配合使输出转速持续提高，获得更大的调速范围来满足车辆的行驶需求。基于以上特点，双段机电复合传动可满足重型与非道路车辆（如重型牵引车、采矿车、军用车辆等）变速范围宽、传递功率大、辅助系统用电功率大等特殊要求[2, 3]。

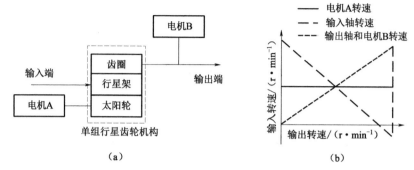

图 1.2 单模混联式混合动力车辆

（a）传动简图；（b）转速关系

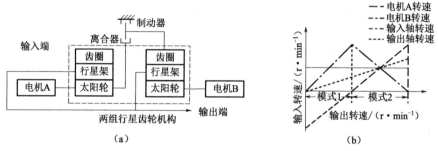

图 1.3 双模混联式混合动力车辆

（a）传动简图；（b）转速关系

模式切换是车辆综合控制系统通过操纵机电复合传动离合器、制动器等元件的结合、分离，电机转矩、转速的调控以及发动机转速、转矩的调节，完成换段、换挡、工况转换（直驶驱动、转向、制动等），实现混联式混合动力车辆行驶状态的改变，拓展车辆的行驶速度和驱动能力范围，使装甲车辆自动适应复杂路面载荷，优化发动机、电机、动力电池组和机械系统的工作点，对于车辆性能的改善提升意义显著，因此，模式切换问题得到了相关研究者的重点关注。

由于机电复合传动与混合动力装甲车辆的行驶性能有极为密切的关联，实践中经常将机电复合传动的工作模式、能量管理和模式切换等相关概念引申到整车层面，因此，下文中，作者不加区分地应用机电复合传动模式切换与混合动力（车辆）模式切换、机电复合传动能量管理和混合动力（车辆）能量管理等名词。

相比于其他型式的混合动力系统，双模和多模混联式混合动力车辆的模式切换过程更加复杂，对稳定性及其控制策略的要求更高。为获得优异的车辆行驶性能，期望模式切换过程平稳迅速进行，非常有必要开展混合动力车辆模式切换规律、切换过程的稳定性分析与动态控制研究，这也是目前混合动力车辆关键技术研发的重要环节之一。

|1.2 机电复合传动技术发展|

1.2.1 民用车辆的发展概况

机电复合传动作为军民两用技术，在民用领域始终得到广泛关注，也是研究的热点。因而，汽车机电复合传动的技术先进性、成熟度和成本控制等发展得比较均衡。

从 20 世纪 70 年代开始，以美国和日本为代表的发达国家开展了对 HEV 技术的探索和研发。1997 年日本的丰田公司成功研发出第一代基于丰田混合动力系统（Toyota Hybrid System，THS）的普锐斯（Prius）车型，并于 2000 年将其推广到北美和欧洲市场。

第一代 THS 系统的核心技术是采用单组行星排功率耦合机构连接发动机和两个电机，可实现车辆的电力机械无级变速（Electronically Controlled Continuously Variable Transmission，EVT），如图 1.4 所示。通过对 Prius 混合动力技术的不断改进和升级，丰田公司分别在 2003 年、2009 年和 2015 年相继推出第二代、第三代、第四代 THS 系统，其中第四代 THS 系统最大的亮点是搭载 1.8 L 自然吸气四缸发动机的热效率将达到 40%，燃油经济性比第三代提高了 10%。截至 2017 年 1 月底，丰田公司旗下的混合动力车在全球累计销量已达 1 004.9 万辆，使搭载 THS 系统的混合动力车成为目前市场化和商业化最为成功的混合动力车型。

丰田 THS 系统作为单模混联式 HEV，研究学者对其结构设计、参数匹配、能量管理策略、优化控制等方面进行了大量的理论分析和试验研究[4-10]。由于 THS 系统将发动机的功率按照固定的比例分别传递给车轮和电机，能量转换的损失会降低系统的传动效率，导致车辆在高车速区域的燃油经济性较差。此外，为了使车辆具有足够的动力，THS 系统要求电机的功率较大。因此，THS 系统多应用在小型乘用车领域，难以满足重型与非道路车辆的需求。

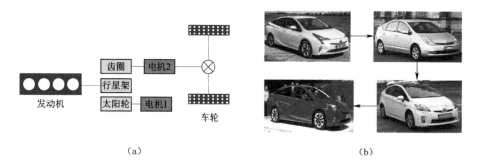

图 1.4 日本丰田普锐斯混合动力汽车

（a）丰田普锐斯结构简图；（b）丰田普锐斯第一代到第四代实物

1999 年，日本本田（Honda）公司开发了以发动机为主动力源、电动机为辅助动力（Integrated Motor Assist，IMA）的并联式 Insight 混合动力系统[11-14]，如图 1.5 所示。它能够利用电动机在起动时能产生巨大扭矩的特性，在汽车起步、加速等发动机燃料消耗较大的工况下，用电动机辅助驱动来降低发动机的油耗。2009 年，本田公司推出第二代 Insight 混合动力汽车，虽然技术上取得了一定的革新，但车身质量的增加，导致其百公里①油耗（5.3 L）相比上一代增加了 20%。

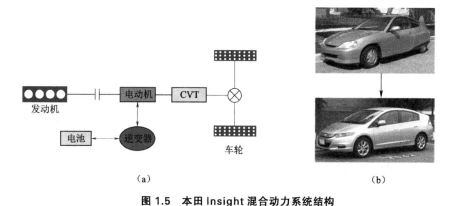

图 1.5 本田 Insight 混合动力系统结构

（a）日本本田 Insight 结构简图；（b）日本本田 Insight 第一代到第二代实物

为了解决丰田 THS 系统在功率输出上的局限性，2005 年美国通用公司、克莱斯勒公司和德国戴姆勒公司、宝马公司组成全球混合动力研发联盟（Global Hybrid Cooperation，GHC），成功研发出多款双模混联式 HEV，并申请了数十项全球专利。该系统结构由发动机、两个电机、多排行星齿轮耦合机构以及操纵元件组成，如图 1.6 所示。

---

① 1公里=1 000米。

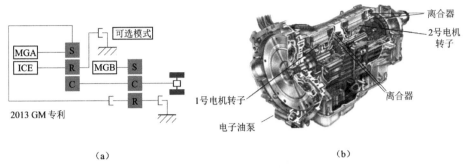

图 1.6　通用双模混联式混合动力系统结构

（a）通用双模混联式结构简图；（b）通用双模混联式变速器实物

　　该系统的工作原理为：在低速轻载工况下，系统进入输入分流模式（Input-split Mode），车辆可由电动机单独驱动、发动机单独驱动或者两者联合驱动行驶。系统可实现发动机随时起停，一个电机处于发电模式保证电池实时充电，另一个电机处于电动模式用以辅助发动机或者单独驱动车辆行驶；在高速重载工况下，系统进入复合分流模式（Compound-split Mode）。发动机保持持续工作状态，系统采用缸间歇与可变气门正时技术来提高发动机工作效率，两个电机通过转速的调节，实现发动机到车轮之间的无级变速。

　　双模混联式混合动力系统被广泛应用在皮卡、运动型多用途车辆（Sport Utility Vehicle，SUV）和商务乘用车上，例如雪佛兰 Tahoe 混动车型、凯迪拉克 Escalade 混动车型、通用 Yukon 混动车型和通用 1/2 吨级皮卡，如图 1.7 所示。

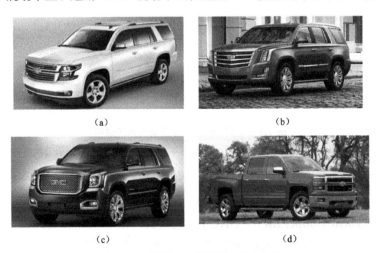

图 1.7　双模混联式民用混合动力车辆

（a）雪佛兰 Tahoe 混动车型；（b）凯迪拉克 Escalade 混动车型；

（c）通用 Yukon 混动车型；（d）通用 1/2 吨级皮卡

近几年随着混合动力技术的不断完善和革新，国际一线汽车厂商相继推出满足市场不同需求和更加节能环保的插电式 HEV 车型，包括沃尔沃 S60L、奥迪 A3 Sportback e-tron、宝马 530 Le 和宝马 X5 xDrive40e、奔驰 C350 eL，以上各插电式 HEV 车型的综合性能如表 1.1 所示。

表 1.1 插电式混合动力车型动力性与经济性比较

车型	百公里加速时间 /s	百公里油耗 /L	实物图
沃尔沃 S60L	5.5	2	
奥迪 A3 Sportback e-tron	7.6	1.5	
宝马 530 Le	7.1	2	
宝马 X5 xDrive40e	6.8	3.9	
奔驰 C350 eL	5.9	2.1	

国内混合动力技术的发展起步较晚，直到"十三五"规划将发展新能源汽车定为汽车产业升级的新起点，中国的汽车厂商加快了对混合动力车辆的研发，并取得了一定的研究成果。

中国第一汽车集团公司在 2004 年自主研发出红旗混合动力轿车，如图 1.8（a）所示。该车型采用发动机和电机并搭配传统的机械自动变速器（Automatic Mechanical Transmission，AMT）的混合动力系统，可实现百公里加速时间 14 s 和百公里油耗 4.9 L 的综合性能；2008 年又研发出采用双电机方案的奔腾 B70 混合动力轿车，如图 1.8（b）所示。该车型利用发动机通过功率耦合机构与调速电机和驱动电机进行耦合，可实现百公里加速时间 12 s 和百公里油耗 6 L 的综合性能。

图 1.8 第一汽车集团公司自主研发的混合动力轿车

（a）红旗混合动力轿车；（b）奔腾 B70 混合动力轿车

上海交通大学提出了一种基于双行星排功率耦合机构的混联式混合动力系统，如图 1.9 所示。发动机和两个电机通过行星排的机械耦合可实现无级变速，利用离合器和制动器的结合或断开，可实现车辆不同的工作模式[15]。

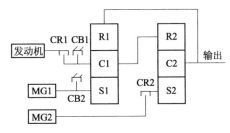

图 1.9 上海交通大学混合动力系统结构简图

申沃客车推出了一款 SWB6116HEV 混联式混合动力客车，配备了康明斯 ISBE180 30 发动机，集成式起动机和发电机（Integrated Starter and Generator，ISG），单片离合器和 AMT 变速器，如图 1.10 所示。通过调节发动机工作点、ISG 电机实现快速起停，以及制动回馈，可使整车的燃油经济性提高 30%。

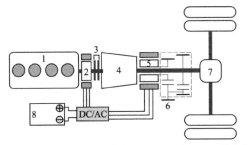
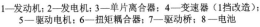

1—发动机；2—发电机；3—单片离合器；4—变速器（1挡改造）；
5—驱动电机；6—扭矩耦合器；7—驱动桥；8—电池

图 1.10 申沃 SWB6116HEV 混联式混合动力客车[16]

（a）传动简图；（b）实物

此外，长安汽车公司推出了杰勋和志祥两款混合动力轿车，比传统汽车节油 20%，排放满足国 IV 标准；奇瑞汽车公司开发了 A5 BSG 和 A3 两款混合动力轿车；比亚迪汽车公司研发了 F3 和 F6 两款混合动力轿车；东风汽车公司推出了 EQ6110 混合动力客车；上海汽车集团公司研发了荣威 550 混合动力轿车。

综合分析国内外民用车辆的研究现状可知，以日本丰田汽车公司 THS 系统和美国通用汽车公司双模混联式为代表的 HEV 已实现商业化和市场化，是当前国际汽车行业的主流混合动力车型。虽然近些年国内的混合动力系统技术不断取得进步，但由于汽车制造技术和电控技术的限制，以及国际汽车公司设置的专利封锁，国内针对混合动力系统的研究主要集中在串联式和并联式的机构方案上，在具有 EVT 功能的混联式混合动力系统研究上与国外研究水平相比还存在较大的差距。因此，我国的科研人员只有在混联式混合动力系统关键技术上进行深入研究和集成创新，才能够提高我国混合动力汽车行业的整体水平以及在国际上的竞争能力。

1.2.2 军用车辆的发展概况

在军用车辆领域，传统内燃机车辆在火力、机动力和防护力等方面难以取得突破性的进展，而随着电炮系统和电装甲系统的发展，军用车辆对用电功率的需求提高，传统内燃机车辆难以满足这样的特殊需求。因此，混合动力系统的应用能够极大地提高战斗车辆的综合性能，也是未来战斗车辆的发展方向。随着军用车辆混合动力系统关键技术的突破，例如高功率密度电子推进技术的突破、高功率密度－高紧凑发动机－发电机组及其控制技术的突破、能量管理与高能量密度的蓄能装置及其控制技术的突破、电磁兼容技术的突破、多动力源动力分配和协调控制技术的突破，混合动力系统技术已成为西方国家陆军装备传动系统的重要技术，也是我国未来主战装备的发展重点。

目前西方发达国家均在积极开展军用混合动力技术的应用研究，并推出了多种电驱动的演示样车。国外军用混合动力车辆多采用串联式驱动方案：轮式车辆多采用"柴油发动机＋发电机组＋轮毂电动机"方案，轻型履带式车辆大多采用双侧电动机驱动方案，重型履带式车辆（包括主战坦克）则侧重于机电复合传动方案。

多年以来，在美国能源部、陆军部和坦克装甲车辆工程中心的支持下，美国持续开展机电复合传动与混合动力技术的研究。

美国在 2001 年完成了基于 M113 的 20 t 级电传动演示样车的研究（图 1.11）。同年，通用动力公司地面系统分公司和美国国家机动车中心合作推出了 8×8 先进混合电传动演示车 AHED，美国通用动力地面系统公司还和 AM 通用公司推出一款新型混合电传动车，称为"先进地面机动车

（AGMV）"。与先进混合电传动车一样，美国军方重型高机动战术卡车也采用了电传动多电动机驱动电传动结构方案。

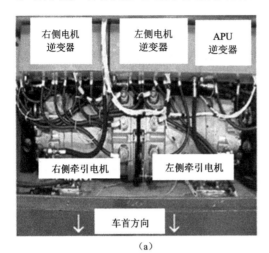

（a）　　　　　　　　　　　　　　　　（b）

图 1.11　基于 M113 的 20 t 级电传动演示样车

（a）演示样车动力舱；（b）演示样车实车测试

　　BAE 公司北美分部研制了 E-X-Drive 机电复合传动装置（图 1.12），适合于 25 ~ 60 t 级履带式战车，可以有效地通过机械传动将车辆转向时产生的能量从一侧履带传递到另一侧履带。与 Allison X-300 液力机械传动装置相比，它的重量减轻了 16%，可使车内空间节省 70%。传动装置的两个驱动电动机之间通过控制组件驱动可控差速器，通过一个小型转向电动机实现车辆转向。

图 1.12　E-X-Drive 机电复合传动装置第一轮样机

　　在上一轮样机的基础上，针对美国 GCV（地面战车计划）的竞标要求，BAE 公司经过进一步优化，改进了 E-X-Drive 的设计方案并进行了装车匹配与道路试验测试（图 1.13）。

图 1.13　BAE 竞标车辆及改进型 E-X-Drive 机电复合传动装置

在最近提出的 NGCV（下一代战车计划）（图 1.14）中，美国提出了采用并联式机电复合传动技术的轻型装甲车辆概念，最大目标车速 75 km/h，其中机电复合传动装置传递功率 735 kW，对外供电功率 160 kW。采用机电复合传动后，希望将燃油经济性提升 20% ~ 25%，传动系统质量减少 20% ~ 30%，困难路面平均越野速度提升 30%。目前，德国莱茵金属公司等已开发出原理样车并在进行概念验证（图 1.15）。

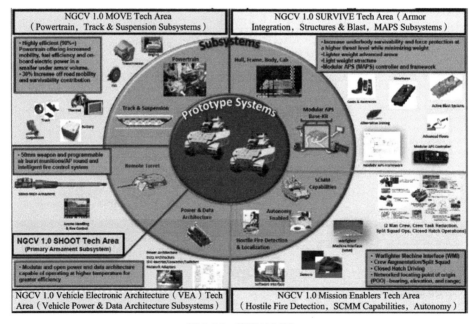

图 1.14　美国 NGCV

德国伦克（RENK）公司长期致力于军用车辆电传动新技术的开发，制定了相关的技术发展路线（图 1.16）。德国伦克公司还与磁电机公司联合开发了 EMT1100 机电复合传动装置（图 1.17）。为满足重型坦克电驱动系统

图 1.15　莱茵金属公司针对 NGCV 的竞标样车

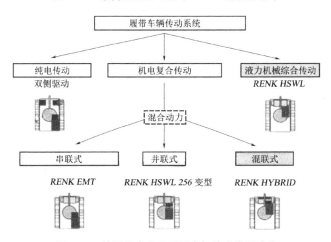

图 1.16　德国伦克公司军用车辆技术发展路线

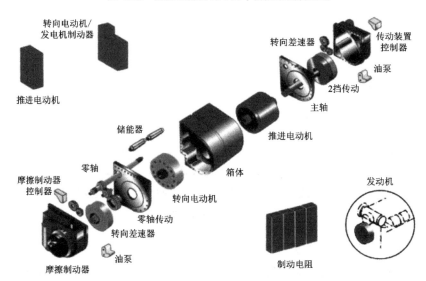

图 1.17　EMT1100 机电复合传动装置

的发展需求，德国伦克公司于 2006 年 7 月推出的机电复合传动装置 HSWL106 Hybrid（图 1.18），在 HSWL106 传动装置的基础上采用机电耦合机构改装而成，集成了机械传动和电传动两者的优点，额定输出功率 530 kW。该装置安装在内燃机与机械传动装置之间，由行星机构功率装置、两台盘式发电机 / 电动机组成，该系统计划将用于 30 t 级履带式车辆。目前，该装置已经完成台架试验测试。

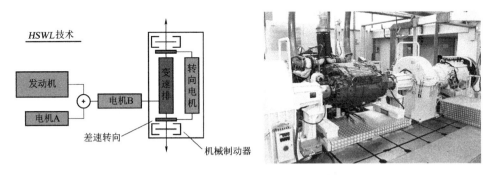

图 1.18　HSWL106 Hybrid 机电复合传动装置

在轮式车辆方面，2001 年，美国国家机动车中心和通用动力公司共同研发了 8×8 轮式高级混合动力演示样车（Advanced Hybrid Electric Demonstrator Vehicle，AHED），如图 1.19 所示。它是一款串联式混合动力车辆，并采用了轮毂电动机转向、先进空气悬架减震和锂离子电池储能等技术。同年，美国国家机动车中心和国防工业局共同研发出 M113 混合动力坦克演示样车。它同样采用串联式混合动力系统，并装配了 185 kW 柴油发动机、两台 185 kW 异步电动机和一台 185 kW 的交流发电机，其动力性和经济性较传统 M113 得到了极大的提升。

图 1.19　8×8 轮式 AHED 混合动力演示样车

此外，德国莱茵金属公司研制出一款代号 GeFas 的混合动力军用轮式战车，动力系统同样采用 MTU890 系列直列四缸柴油机，根据环境车况可实现柴电联合推进、纯电推进或采用四轮驱动、两轮驱动等工作模式。法国雷诺卡车防务公司与法国总装备部研发了集成起动器交流发电机 I-SAM 混合动力系统，用以装配轻量级装甲输送车，该系统可使装甲车在静默状态下进行短时间行驶。俄罗斯研发出采用混合燃料和电传动，代号"克里米亚"的装甲战车，在发动机停转的情况下可使用蓄电池无声行驶，试验样车比 BTR-90 装甲车的性能更优越。

在国内，北京理工大学作为最早开展军用电传动技术研究的科研单位之一，在"十五"期间研发出一款轻型履带车辆电传动试验样车，如图 1.20（a）所示。该样车采用双侧电机驱动方案完成了 3 000 km 实车道路试验；"十一五"期间，北京理工大学承担了军用混合驱动总体技术的研究任务，以 20 t 级轮式装甲车辆［图 1.20（b）］为验证平台，展开了装甲车辆机电复合传动系统的结构方案设计、参数优化匹配、车辆性能仿真、系统结构优化与集成等研究工作，在能量管理、多动力协调和模式切换控制方面取得了重大突破，成功地完成了单段轮式机电复合传动系统功能样机的研制，该系统由 1 个简单行星排、发电机、电动机、高低挡、1 个离合器和 2 个制动器组成。

（a） （b）

图 1.20　北京理工大学军用混合动力车辆
（a）轻型履带车辆电传动试验样车；（b）20 t 级轮式装甲车辆

此外，装甲兵工程学院、中国兵器工业集团第 201 所、湖南湘潭电机集团、东风汽车集团等均开展了军用混合动力技术的研究（东风集团研发的车辆如图 1.21 所示）。

图 1.21 东风混合动力猛士战术车辆

|1.3 机电复合传动关键技术|

1.3.1 能量管理策略

能量管理策略是混合动力车辆控制系统的核心，也是混合动力车辆领域研究最为广泛和深入的内容。能量管理策略在满足给定约束的前提下，对混合动力车辆各能量源的功率进行优化分配，从而实现预定的性能指标，主要包括燃油经济性、排放性和动力性等[17]。混合动力车辆的能量管理策略主要分为两种：基于规则的控制策略和基于优化的控制策略[18, 19]。基于规则的能量管理策略通常依靠设计者的工程经验制定。由于其对计算量要求较小，易于在实际控制器上实现，故在混合动力商业化车型上的应用较为普遍[17, 20～22]。基于规则的能量管理策略又称为逻辑门限控制策略，可分为确定性规则控制和模糊性规则控制，基于确定性规则的能量管理策略目前有恒温控制方法、功率跟随方法以及状态机方法等[23]。俄亥俄州立大学的 Rizzoni 等人在文献 [24] 中指出，逻辑门限控制策略的缺点是无法保证控制效果的最优性，需要大量调试，且算法可移植性不佳。除了确定性规则的算法外，模糊逻辑控制算法也被大量应用于混合动力车辆能量管理策略的研究中[25-27]，在逻辑门限控制的基础上，结合专家经验将控制规则模糊化，进而提高能量管理策略的鲁棒性和可调性。文献 [28] 中在满足驾驶员的驱动功率需求和维持电池 SOC 的同时，通过模糊逻辑控制策略实现了混合动力系统的各子部件整体效率优化控制的目标，改善了系统性能。Kheir 等人在文献［29］中将驾驶员油门开度、SOC、电机转速和车速等作为控制输入，以各动力部件的控制指令作为输出，制定了三种类型的规则，实现了系统的燃油经济性和排放性能的改善。文献［30］中同样以电池 SOC、车速、踏板开度为输入，以电机和发动机转矩为输出，将专家知识以固定的规则形式存储在控制器中，由模糊控制器完成决策。在车辆行驶过程中，模糊控制器将电池 SOC、车速以及踏板开度等信号作为输入变量，模糊控制规则由相关设计人员根据经验制定，基于相关输入和模糊规则推导出模糊结论，经去模糊化将模糊决策转换为精确的转矩输出指令，协调发动机、电机转矩分配，进而优化燃油经济性。但需要指出的是，无论是基于确定性规则的控制，还是模糊控制，依靠工程经验制定控制规则难以确保控制策略的优化指标达到预期。例如，针对混联式混合动力车辆，需要考虑多个状态变量对规则的影响，规则集的规模急剧增大，将使得规则的制定非常困难[31]。

基于优化的能量管理策略则在建立系统控制目标函数和约束条件后，通过使用优化算法求取目标函数在可行域内的极小值/极大值问题。基于优化的能量管理策略主要包含全局优化能量管理和实时优化能量管理两种。

全局优化一般要求在功率需求已知的条件下进行优化，研究人员已对全局优化算法进行了大量研究，常见的优化算法有遗传算法、线性规划、动态规划等。遗传算法可用于处理混合动力能量管理中复杂的多目标优化问题，但其不能准确表达非线性控制问题的约束和不可行域[32]。线性规划算法是优化理论中发展较为成熟的一种算法，Boyd 等人对混合动力系统中的非线性凸优化问题进行了近似，并利用线性规划的方法对近似的问题进行求解[33]。线性规划的局限性是需要将系统的非线性约束条件线性化，处理复杂问题的能力有限。动态规划法（Dynamic Programming，DP）被认为是能够取得全局最优的一种能量管理策略设计方法[34-36]，其基于贝尔曼最优化原理，可以求解给定工况下系统的最优控制决策。密歇根大学的彭晖等人于 2003 年实现了应用 DP 对并联式 HEV 的能量管理决策优化[37]，随后又将基于 DP 的能量管理扩展到了单模混联式 HEV 上[38]。此后，文献［39-43］也提出了针对混合动力车辆的基于 DP 的能量管理策略。动态规划可用于求解约束和非线性的动态优化问题，获得全局最优解，但 DP 算法必须在提前获得车辆状态和行驶工况的情况下才能准确求得全局最优解。此外，算法的计算量与状态变量、控制变量的维数成指数关系，计算负荷大且对硬件的要求较高[44]。以苏黎世联邦理工学院的 Guzzella 为代表的学者认为 DP 可作为评价其他优化算法的基准[45]，但无法用于实时控制，文献［46］中则将 DP 用于分析比较 HEV 的构型。由于循环工况对控制策略有重大影响，有些研究采用随机动态规划 SDP（Stochastic Dynamic Programming）来解决给定工况下混合动力车辆的优化控制问题[47-50]。随机动态规划的计算仍然非常复杂，但可以通过离线计算并以 MAP 图的形式存储下来，在实时控制时查表选取控制输入[51]。随机动态规划算法中状态变量的转移概率取决于所考虑的典型循环工况，且最优控制策略仅针对给定的马尔科夫（Markov）过程，而对于非典型循环工况，随机动态规划算法的优化性能可能大幅下降[10]。

实时优化方法是指在线对能量管理决策进行优化计算的方法，主要包括等效燃油消耗最小（Equivalent Consumption Minimization Strategy，ECMS）、模型预测控制（Model Predictive Control，MPC）等。ECMS 由 Gino Paganelli 等人首先提出并应用于并联式 HEV 车型上[52-54]，起初是基于启发式的经验，将混合动力系统中电能消耗乘以定义的一个等效因子得到虚拟的等效燃油消耗，并求解总的最小等效消耗。相比 DP，ECMS 策略计算量小，有实时控制应用的潜力，虽然是基于工程经验的控制策略，但是研究发现它常常能够取得与 DP 接近的燃油经济性[24]。庞特里亚金最小值原理（Pontryagin's Minimum Principle，PMP）作为一种可靠的优化控制方法，将全局的优化问题转化成哈密顿函数的瞬时优化问题，在保证优化效果的同时，大大减少了优化计算量，在混合动力车辆优化控制策略的开发中得到了应用[55-60]。MPC 是近年来发展起来的一类新型的计算机控制算法[61, 62]，其适用于控制不易建立精确数字模型且比较复杂的系统。由于其良好的控制效果，近年来基于预测信息对混合动力车辆进行控制策略的制定和优化，成了新的研究热点[63-73]。

1.3.2 模式切换规则

具有多模式的机电复合传动系统在实际应用时还存在着一个模式选择问题。模式选择是指在混合动力车辆运行时，根据系统参数和状态变量，基于设计的模式选择规则在多种工作模式中选择最适合当前工作状态的模式。

与能量管理策略和模式切换协调控制算法相比，专门针对模式选择规则的研究很少[74-76]。在串联式混合动力车辆中，电动机是唯一的转矩提供装置，模式选择只需要判断电池 SOC 是否低于预设的阈值，从而决定发动机 - 发电机组是否需要工作；对于研究最广泛的并联式混合动力车辆，可根据系统转速、转矩关系和电机外特性直接求得纯电动模式下各车速对应的系统最大输出转矩，一旦转矩超出最大输出转矩，发动机就由纯电动模式切换为混合驱动模式；此外，也可以设定一个 SOC 阈值，低于该值时同样进入混合驱动模式。图 1.22 所示为并联式模式选择规则的一个应用实例[77]，当发动机转矩低于纯电动临界线（下方黑线）时发动机为纯电动模式，而高于功率临界线（上方黑线）时发动机为混合驱动模式，在中间区域发动机则为单独工作模式，临界线是根据工程经验和离线计算获得的。串联式和并联式的模式选择规则相对简单，一般可作为子模块直接嵌入能量管理策略中。

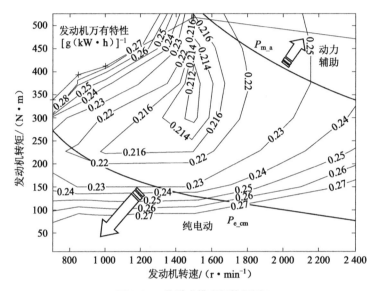

图 1.22　并联式模式切换规则

　　文献［78，79］中对构型相对更为复杂的同轴并联构型的混合动力车辆的模式选择问题进行了研究，将模式选择模块以有限状态机的形式展现（图 1.23），首先对各种工作模式进行分析，然后提出实用的切换条件，并基于工程经验和静态计算获得模式切换条件中的关键参数值，最终通过判定各切换条件来决定选择哪一种工作模式。文献［80］中则利用了模糊规则（Fuzzy Logic），以驱动轴转速、需求转矩和 SOC 作为隶属度函数的控制变量，设计了模式切换规则。由于根据模式选择规则可决定在某一瞬时是否需要进行模式切换，模式选择规则也称为模式切换规则。

　　对具有多种工作模式的混联式（功率分流型）混合动力车辆而言，由行星排组成的功率分配装置的引入增加了系统的复杂度，发动机转速和车速也实现了解耦，仅仅依靠工程经验和静态计算来进行规则提取已经非常困难，通常提取出的规则也很难使混合动力车辆的性能潜力得到充分发挥[81]，此时模式切换规则应当基于动态优化的方式提取。

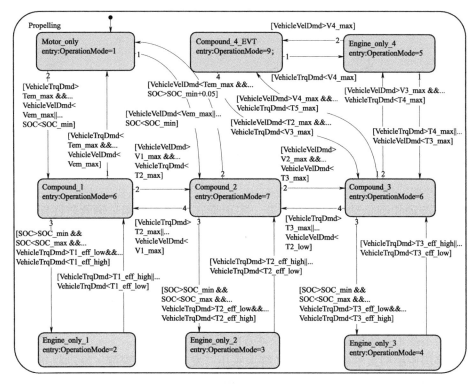

图 1.23 同轴并联构型状态流程

1.3.3 机电复合传动模式切换协调控制

对于具备多种工作模式的机电复合传动而言，其还存在一个模式切换过程的协调控制问题。目前国内外学者对混合动力车辆关键技术的研究主要集中在能量管理策略及效率优化等稳态过程方面，对模式切换动态过程的研究相对较少。原因在于能量管理策略是针对车辆低频动态特性，而影响车辆驾驶性能和NVH 特性的模式切换过程则与车辆高频动态特性有关，模式切换品质主要以切换时间、加速度和纵向冲击度等具有瞬态特性的参数作为评价指标，能量管理策略往往不需要考虑这些因素，图 1.24 所示为复杂机电传动系统的工作频段划分。

混合动力车辆模式切换协调的研究虽然在数量和深度上还无法和能量管理策略相比，但近期也取得了一定成果。当前的混合动力车辆模式切换主要致力于提升混合动力车辆模式切换过程的动态品质，避免在模式切换过程中动力输出突变而造成驾驶性能的恶化。目前模式切换动态控制的研究主要集中在并联式 HEV 纯电驱动到机电驱动的转矩协调控制，通过降低输出轴

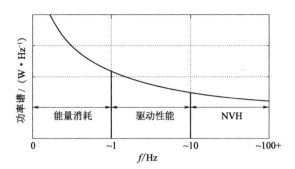

图 1.24　复杂机电传动系统的工作频段划分

的转矩波动和避免动力输出的突变，实现模式切换品质和车辆驾驶性能的提升。归纳总结现阶段所提出的转矩协调控制策略，可将其分为以下三类协调算法。

第一类协调算法是基于发动机和电机动态响应特性的差异，通过"发动机转矩观测＋电机转矩补偿"协调控制，减小输出端的转矩波动和车辆的冲击度。该协调算法多用于并联式 HEV 的模式切换过程，最大优势是控制器的求解过程不基于系统的数学模型，设计方法简单且易于实现。

美国密歇根大学的 Davis R I 等人采用"发动机转矩观测＋发动机转速反馈＋电机转矩补偿"的原理，提出了"输入扰动解耦"的控制算法，利用电机可产生和发动机转矩波动相反的转矩，抵消发动机的转矩脉动[82]；清华大学的童毅提出了"发动机转矩开环＋发动机动态转矩估计＋电机转矩补偿"的控制算法，该算法基于发动机曲轴瞬时转速可实时估计发动机的转矩，并利用电机转矩补偿输出轴的转矩，在保证动力传递平稳性的前提下又优化了系统效率[83, 84]；重庆大学的杜波提出了"发动机节气门开度变化率限制＋发动机转矩估计＋电机转矩补偿"的协调控制策略，该策略通过限制发动机节气门变化率来减缓发动机转矩变化，并利用电机对发动机转矩进行实时补偿，有效地降低了输出转矩的波动[85, 86]；武汉理工大学的杜常清在发动机油门开度变化率不高的工况下，提出了"基于神经网络的发动机平均值模型＋基于模型预测的电机调速闭环"的控制策略，有效地减小了输出转矩和转速的波动[87]；北京理工大学的杨军伟提出了"发动机转矩开环＋发动机转矩识别＋电动机转矩补偿"的动态协调控制策略，通过动态转矩的控制分配，保证了模式切换的瞬态过程平顺性[88]。

第二类协调算法是从传动系统转矩动态补偿的角度，利用不同的控制策略，保证车辆动力系统转矩传递的连续性和稳定性。

针对并联式 HEV 纯电驱动到机电驱动的模式切换过程，德国亚琛工业大学的 Beck R 等人基于模型预测控制和最优控制理论协调控制了发动机和电机的动态转矩，并验证了该控制器的鲁棒性能[89]；韩国首尔国立大学的 Sul S K 等人通过优化换挡规律提高了动力传动系统的效率，通过电机调速控制离合器主被动端的速差，缩短了换挡时间并减小了切换过程的冲击[90]；美国弗吉尼亚理工学院的 Nelson D J 等人基于 PI 控制的电机调速实现了离合器主被动端的同步，降低了模式切换过程的冲击[91]；韩国成均馆大学的 Hwang H S 等人针对离合器接合过程分别设计了发动机转速 PI 控制器、电机转矩 PI 反馈补偿控制器和发动机转速 – 电机转矩相结合的控制器，减小了驱动轴的转矩波动[92]；韩国现代汽车公司的 Kim S 等人针对离合器的接合过程提出了两种基于 PI 反馈的离合器油压控制方法，并通过仿真验证了该控制方法的有效性[93]；马来西亚国油科技大学的 Minh V 等人基于模型预测控制算法，通过约束输入 – 输出条件控制离合器的转速和转矩，实现了良好的车辆驾驶性能和较低的冲击度[94]；上海交通大学的 Gu Y 等人利用最小值原理优化了传动系统的输入转矩，并基于模糊 PID 控制原理通过控制离合器的接合速度和发动机的节气门开度，同时采用电机补偿传动系统输入转矩和离合器传递转矩之差，改善了车辆的驾驶平顺性[95]；吉林大学的王庆年等人针对模式切换过程中输出转矩波动的问题，提出了基于电机辅助的协调控制策略，包括电机辅助发动机起动和电机补偿发动机转矩误差两部分[96]；吉林大学的王印束通过合理控制离合器的接合规律，抑制了模式切换过程的转矩波动[97]；湖南大学的张军等人提出了利用发动机的目标转速和输出转矩计算电机转矩的控制算法，实现了模式切换过程的平稳过渡[98]；北京交通大学的李显阳提出了基于动态规划算法和 PID 控制算法的转矩协调控制策略，并通过仿真验证了所设计方法的有效性[99]；山东大学的孙静提出了基于数据驱动预测控制的转矩协调控制方法，通过跟踪输出参考序列并限制离合器的转矩变化率，实现了模式切换时间短和冲击度小的目标[100]；重庆大学的吴睿通过限制发动机的目标转矩变化率，对电机采用了直接转矩控制方法，缩短了模式切换时间并降低了车辆的冲击度[101]。

针对混联式 HEV 纯电驱动到机电驱动的模式切换过程，韩国成均馆大学的 Hong S 等人从理论上分析了模式切换过程输出转矩产生波动的原因，并提出了基于电机转矩补偿的动态控制策略，减小了输出转矩波动的峰值[102]；上海交通大学的 Zhang H 等人基于 μ 综合方法设计了鲁棒控制器，利用跟踪车轮参考转速的方法有效地降低了模式切换过程的车辆冲击度[103]；吉林大学的 Zeng X 等人提出了基于"发动机转矩估计 + 车辆冲击度预测模型"的动态协调控制策略，提升了车辆的驾驶性能[104]；上海交通大学的 Chen L 等人提出了基于参考模型的前反馈控制策略，通过被控系统的实际输出转速实时跟踪参考转速，保证了离合器传递转矩的连续性，降低了车辆的冲击度和离合器的滑摩功[105]；上海交通大学的王磊提出了基于模糊自适应滑模的控制算法，通过控制发动机实际转矩与目标转矩的偏差，降低了动力系统的转矩波动[106]。

针对混联式 HEV 发动机起停阶段的模式切换过程，日本丰田技术中心的 Tomura S 等人通过电机转矩补偿发动机起动时刻所产生的转矩脉动，抑制了车辆的振动和冲击[107]；同济大学的 Zhao Z 等人提出了基于输出轴参考转速预估计的主动阻尼控制方法，消除了发动机起动时刻的转矩脉动和驱动轴的转速振荡现象，有效地抑制了车辆冲击度[108]；台北大学的 Hwang H Y 和 Chen J S 等人提出了发动机转矩脉动补偿策略，在发动机起动时，由电机提供发动机所需的减振扭矩，同时接合扭转减速器内的离合器，有效地避免了发动机转矩和转速的振动[109, 110]。

第三类协调算法是将 HEV 模式切换过程划分为几个子阶段或者几个子区域，并参考第二类协调算法设计对应的子控制器，该协调算法多应用在并联式和混联式 HEV 纯电驱动到机电驱动模式切换过程。

美国俄亥俄州立大学的 Rizzoni G 等人最早提出该设计思路，基于混杂系统模型将并联式 HEV 模式切换过程规范成不同的子区域，通过最优控制理论设计了用以求解发动机和电机目标转矩的子控制器，仿真结果验证了该设计方法可取得良好的车辆驾驶性能[111]；美国福特汽车公司的 Soliman I S 等人针对双驱动 HEV，将模式切换过程划分为四个不同的控制阶段，并在每个阶段协调控制发动机和电机的转速，道路试验结果验证了所设计的分阶段控制策略能够提高车辆的驾驶性能[112]；韩国汉阳大学的 Kim H 等人针对并联式 HEV，提出了一种四阶段模式切换控制策略，在每阶段设计了扰动观测器用以估计和补偿系统的扰动，提高了控制器的控制精度、跟踪性能和车辆的驱动性能[113]；同济大学的赵治国等人参考 Rizzoni G 的方法，提出了无扰动模式切换控制方法，有效避免了动力耦合过程中的转矩波动，保证了动力传递的平稳性[114]；上海交通大学的朱福堂针对多模式 HEV，将模式切换过程分为四个连续操作阶段，设计了基于模糊变增益 PID 控制方法的反馈控制器，通过调节电机和离合器转矩达到了降低车轮冲击的目的，同时验证了所设计的反馈控制器对不确定性负载有良好的适应性[115]；清华大学的李亮等人针对并联式 HEV，将模式切换过程分为五个阶段，分别设计了基于 H_∞ 鲁棒控制的上层控制器和基于 L_2 增益鲁棒跟踪控制的下层控制器，用以缩短模式切换时间和消除外界干扰[116]。

综上所述，目前模式切换协调控制算法的研究对象多以并联式 HEV 纯电驱动到机电驱动模式切换为主，而国内外鲜有学者对同轴并联式和混联式 HEV 模式切换过程进行深入研究。原因在于并联式 HEV 中离合器位于发动机和电机之间，传动系统只存在单功率传递通路，因此在设计控制算法时可以将变速机构简化为具有固定速比的齿轮对，部件惯量的计算可以通过线性叠加的方式实现。然而，针对引入功率耦合机构的混联式机电复合传动，多功率传递通路的存在导致发动机、电机和操纵机构等关键部件形成复杂的耦合关系，加大了模式切换过程动态控制的难度。即使在针对同轴并联式和混联式 HEV 的参考文献里，为了方便控制器设计，在进行系统简化时均忽略了功率耦合机构所导致的耦合关系。

第 2 章

机电复合传动系统建模与特性分析

|2.1 机电复合传动系统建模|

2.1.1 发动机模型

　　发动机作为一个多变量非线性时变系统，是机电复合传动系统的主要动力源。发动机的动态过程涉及复杂的燃烧学、热力学、空气动力学等理论，真实模型非常复杂，很难通过机理分析建立精确的数学模型。由于本书重点围绕机电复合传动系统的动力学特性，故发动机内部的工作机理不需要深入研究；同时，复杂的机理模型很难满足仿真的实时需求，因此，基于发动机台架试验数据，发动机模型可简化为带有滞后特性的一阶传递函数，并通过 MAP 图将发动机的燃油消耗率表示为发动机转矩和转速的函数形式：

$$T_e = \frac{1}{\tau_e s + 1} T_{e\_cmd} \tag{2.1}$$
$$\dot{m}_f = f(\omega_e, T_e)$$

式中，ω_e 为发动机转速；T_e 为发动机转矩；T_{e_cmd} 为发动机转矩控制命令；τ_e 为发动机惯性环节时间常数；$\dot{m}_f$ 为发动机燃油消耗；f 代表发动机 MAP 图，如图 2.1 所示。发动机动力学模型框图如图 2.2 所示。

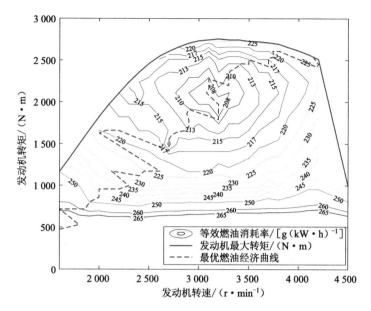

图 2.1　发动机外特性和燃油消耗率 MAP 图

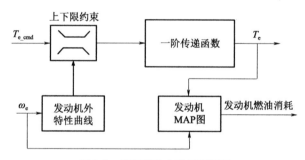

图 2.2　发动机动力学模型框图

利用油耗 Map 图还可进一步得到发动机热效率：

$$\eta_{\text{E}} = \frac{P_{\text{E}}}{\dot{m}_{\text{f}} Q_{\text{LHV}}} = \frac{T_{\text{E}} \omega_{\text{E}}}{g_{\text{E}}(T_{\text{E}}, \omega_{\text{E}}) \cdot Q_{\text{LHV}}} \qquad (2.2)$$

2.1.2　电机 / 发电机模型

电机作为机电复合传动系统的辅助动力源，具有提升车辆综合性能、能量再生、纯电驱动等功能，有助于减少尾气排放和改善燃油经济性。本书选用两个直流永磁同步电机，既可以作为电动机给系统提供机械功率，也可以作为发电机给电池组充电。忽略电机内部工作的电磁效应和热效应，采用与发动机类似的建模方法，基于电机台架试验数据，电机模型同样简化为带有滞后特性的一阶传递函数，并通过 MAP 图将电机效率表示为电机转矩和转速的函数形式：

$$T_A = \frac{1}{\tau_A s + 1} T_{A\_cmd}$$

$$\eta_A = f_A(\omega_A, T_A)$$

$$T_B = \frac{1}{\tau_B s + 1} T_{B\_cmd} \tag{2.3}$$

$$\eta_B = f_B(\omega_B, T_B)$$

式中，ω_A，ω_B 为电机 A 和电机 B 转速；T_A，T_B 为电机 A 和电机 B 转矩；T_{A_cmd}，T_{B_cmd} 为电机 A 和电机 B 转矩控制命令；τ_A，τ_B 为惯性环节时间常数；η_A，η_B 为电机 A 和电机 B 的效率；f_A，f_B 代表电机 MAP 图，如图 2.3 所示。

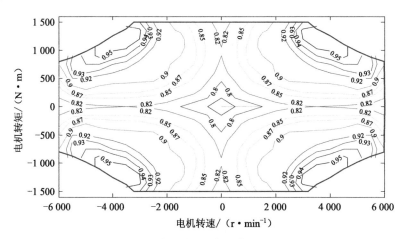

图 2.3　电机外特性与效率 MAP 图

电机的功率包括机械功率、电功率和功率损失三部分：

$$P_{elec} = P_{mech} + P_{loss} \tag{2.4}$$

式中，P_{elec}，P_{mech}，P_{loss} 分别为电机的电功率、电机的机械功率和电机的功率损失。当 $P_{elec} > P_{mech}$ 时，电机处于电动工作模式；当 $P_{elec} < P_{mech}$ 时，电机处于发电工作模式。电机转矩的表达式为

$$T_A = \frac{V_{bat} I_{bat} - P_{loss}}{\omega_A}$$

$$T_B = \frac{V_{bat} I_{bat} - P_{loss}}{\omega_B} \tag{2.5}$$

式中，V_{bat} 代表电池组的电压；I_{bat} 代表电池组的电流。电机简化模型的框图如图 2.4 所示。

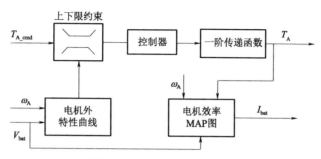

图 2.4　电机简化模型的框图

2.1.3　功率耦合机构模型

前面针对稳态工况分析了机电复合传动系统在 EVT1 模式和 EVT2 模式下转矩和转速的关系式。而在动态工况下，需要考虑发动机、电机 A、电机 B 和行星齿轮机构各部件的转动惯量。考虑到机电复合传动系统模式切换过程复杂，涉及多种能量范畴，因此键合图模型提供统一处理多种能量范畴耦合而成机电复合传动系统的动态分析方法，如图 2.5 所示。

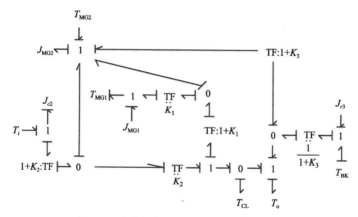

图 2.5　功率耦合机构模式切换键合图模型

基于键合图模型，EVT1 模式到 EVT2 模式切换过程中的功率耦合机构动力学模型可表示为

$$J_{c2}\dot{\omega}_i = T_i - T_{c2}$$

$$(J_A + J_{r1})\dot{\omega}_A = T_A - T_{r1}$$

$$(J_B + J_{s1} + J_{s2} + J_{s3})\dot\omega_B = T_B - T_{s1} - T_{s2} - T_{s3}$$

$$(J_{c1} + J_{r2})\dot\omega_{c1} = T_{c1} + T_{r2} - T_{CL}$$

$$J_{r3}\dot\omega_{r3} = T_{r3} - T_{BK}$$

$$(J_o + J_{c3})\dot\omega_o = T_o - T_f$$

$$T_o = T_{CL} + T_{c3} \tag{2.6}$$

式中，J_A 为电机 A 转动惯量；J_B 为电机 B 转动惯量；J_o 为输出轴到车轮的等效转动惯量；J_{s1}，J_{s2}，J_{s3} 分别为 PG1 太阳轮转动惯量、PG2 太阳轮转动惯量和 PG3 太阳轮转动惯量；J_{r1}，J_{r2}，J_{r3} 分别为 PG1 齿圈转动惯量、PG2 齿圈转动惯量和 PG3 齿圈转动惯量，J_{c1}，J_{c2}，J_{c3} 分别为 PG1 行星架转动惯量、PG2 行星架转动惯量和 PG3 行星架转动惯量；T_i，T_A，T_B，T_o，T_f 分别为输入轴转矩、电机 A 转矩、电机 B 转矩、输出轴转矩和负载转矩；T_{s1}，T_{s2}，T_{s3} 分别为 PG1 太阳轮转矩、PG2 太阳轮转矩和 PG3 太阳轮转矩；T_{r1}，T_{r2}，T_{r3} 分别为 PG1 齿圈转矩、PG2 齿圈转矩和 PG3 齿圈转矩；T_{c1}，T_{c2}，T_{c3} 分别为 PG1 行星架转矩、PG2 行星架转矩和 PG3 行星架转矩；T_{CL}，T_{BK} 分别为离合器 C1 摩擦转矩和制动器 BK 的摩擦转矩；ω_i，ω_A，ω_B，ω_o 分别为输入轴转速、电机 A 转速、电机 B 转速和输出轴转速；ω_{c1}，ω_{r3} 分别为 PG1 行星架转速和 PG3 齿圈转速。

2.1.4　储能系统模型

目前使用在混合动力车辆及纯电动车辆上的电储能装置主要由锂离子动力电池组成。但是由于车辆在行驶过程中会需要大功率电能进行辅助驱动或制动时回收大功率电能，锂离子动力电池组经常受到冲击，对其寿命和效率产生影响。因此，学者和工业界提出了将具有高比功率的超级电容和高比能量的电池结合在一起使用的复合储能装置，以满足车辆对电储能装置的容量和功率的双重需求。因此，储能系统模型包含动力电池组模型和超级电容模型两个部分。

2.1.4.1　锂离子动力电池组模型

锂离子电池在混合动力及纯电动车辆上的应用已获得广泛的认可。与其他类型的动力电池相比，锂离子电池具有单体电压高、比能量高、寿命长等特点。

锂离子电池的正极活性材料为层状结构的含锂金属氧化物或具有隧道结构的材料，负极活性材料是具有层状结构的石墨化碳材料。锂离子电池中的锂离子在阳极和阴极间进行移动。在放电过程中，锂离子通过有机电介质向阴极移动，到达阴极后纳入阴极材料。在充电过程中，锂离子从阴极向阳极移动[117, 118]。锂离子电池的工作原理如图 2.6 所示。

由于锂离子电池具有较强的非线性，因此如何建立准确的电池模型成为车载储能装置研究的热点之一。常用的锂离子电池模型主要有电化学模型、神经网络模型和等效电路模型等[119, 120]。

电化学模型是根据电池的化学过程建立的可以表示电池特性的电化学方程式，用来描述电池内部化学反应所呈现的动态行为。电化学模型虽然精度高，但是在实际工程中很难被直接应用。神经网络模型的优点是可以通过不断学习逼近电池的非线性特性，但是神经网络模型需要提供大量的样本数据进行学习，输入变量的选取及其数量会直接影响神经网络模型的准确性和运算量。

锂离子电池的等效电路模型是以锂离子电池工作原理为基础，采用电阻、电容、理想恒压源等电气元件组成电路网络来模拟电池动态特性的模型[121]。等效电路模型可以很好地适用于锂离子电池的各种工作状态，易于推导出状态空间方程，适用于系统层面的仿真分析和实时控制。目前，常用的锂离子电池等效电路模型有内阻（R_{int}）模型、PNGV 模型、GNL 模型和 n 阶 RC 模型等。

（1）内阻（R_{int}）模型[122]：内阻模型由一个理想电压源和一个电阻构成，如图 2.7 所示。理想电压源 U_{OC} 用来描述锂离子电池的开路电压，电阻 R_{int} 用来描述锂离子电池内阻。

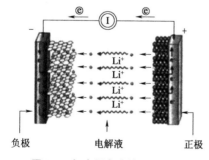

图 2.6　锂离子电池的工作原理

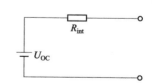

图 2.7　锂离子电池内阻模型

（2）PNGV 模型[123, 124]：PNGV 模型是 2001 年《PNGV 电池试验手册》中提出的一种等效电路模型，在 2003 年的《FreedomCAR 电池试验手册》中得到了沿用。PNGV 模型如图 2.8 所示，模型中的理想恒压源 U_{OC} 描述开路电压；R_{int} 用来描述电池的欧姆内阻；R_{pp} 用来描述电池的极化内阻；C_{pp} 用来描述电池的极化电容。

（3）n 阶 RC 模型[125-127]：n 阶 RC 模型由表征开路电压的理想电压源 U_{OC}、欧姆内阻 R_{int} 及 n 个 RC 网络构成，如图 2.9 所示。当 n=0 时，即为内阻（R_{int}）模型；当 n=1 时，也称为戴维宁等效电路模型。

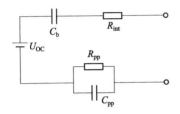

图 2.8　锂离子电池 PNGV 模型

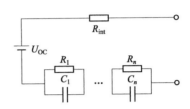

图 2.9　锂离子电池 n 阶 RC 模型

对于动力电池的建模，需要根据不同的应用场合来选取合适类型的等效电路模型。在对复合储能装置中的锂离子电池组进行建模时，电池模型若过于复杂，将影响到整车控制单元的运行速率；模型若过于简单，则不能较为准确地表现锂离子电池的动态性能，整车控制单元及整个系统建模的精度不能得到保证。在复合储能装置的仿真中，1 阶 RC 模型可以满足模拟电池组动态响应的需求。本文选取 1 阶 RC（戴维宁）等效电路模型对锂离子电池进行建模，如图 2.10 所示。

本书采用了等效电路的内阻模型（图 2.7），模型中的开路电压和内阻随 SOC 的变化规律可由试验得到，见表 2.1。

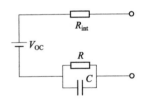

图 2.10　锂离子电池 1 阶 RC 等效电路模型

表 2.1　开路电压、内阻随 SOC 的变化规律

SOC/%	10	20	30	40	50	60	70	80	90
U/V	514	523	530	537	543	548	552	556	562
R/Ω	0.89	0.90	0.91	0.92	0.93	0.94	0.95	0.96	0.97

SOC 的变化率与电流 I_{batt}、电池容量 Q_{batt} 的关系可表示为

$$\mathrm{SOC} = -\frac{I_{batt}}{Q_{batt}} \tag{2.7}$$

而电流 I_{batt} 与电池组瞬时功率 P_{batt} 的关系表达式为

$$P_{batt} = V_{oc} I_{batt} - I_{batt}^2 R_{batt} \tag{2.8}$$

从而有

$$SOC = -\frac{V_{oc} - \sqrt{V_{oc}^2 - 4R_{batt}P_{batt}}}{2R_{batt}Q_{batt}} \qquad (2.9)$$

电池组提供给两个电机的功率与电机 A、B 的实时转速、转矩关系表达式如下：

$$P_{batt} = T_A\omega_A\eta_A^{-\text{sign}(T_A\omega_A)} + T_B\omega_B\eta_B^{-\text{sign}(T_B\omega_B)} \qquad (2.10)$$

式中，T_A，T_B，ω_A，ω_B，η_A，η_B 分别为电机 A、B 的转矩、转速和效率。

2.1.4.2 超级电容模型

超级电容采用双电层理论和活性炭电极，使容量远远大于传统电容器[128, 129]，超级电容的内部结构如图 2.11 所示。

根据电容器的基本原理，增加电容器的电极表面积和减小电极间距离可以增加电容器的容量。双电层理论的本质就是以减小电容器电极间的距离来增大容量。在不通电的状态下，由于超级电容的正极和负极采用同样的活性炭，所以正负极之间没有电位

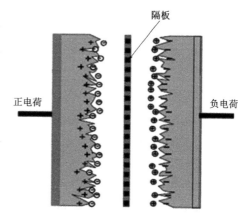

图 2.11 超级电容的内部结构

差。当给超级电容两极施加一定电压时，电极上会累积一定量的电荷，电荷会吸引电解液中的异性离子，并将这些离子束缚在电极表面，使电极和电解液分界面的两侧形成电荷量相同但极性相反的电荷层，即为双电层。这样的双电层电极间的距离只有分子大小，为纳米级。

超级电容采用活性炭作为电极，多孔化活性炭大大增加了电极与电解液的接触面积，通过增加电极表面积增加了电容的容量。目前，超级电容的容量已经可以达到上万法拉。

由式（2.11）可计算存储在超级电容内电能 E 的大小。

$$E = \frac{1}{2}CV^2 \qquad (2.11)$$

式中：C——超级电容的电容量；

V——超级电容的电压。

图 2.12 所示为容量 3 000 F 的超级电容单体内存储电能随电压的变化曲

线。当超级电容的电压降低至最高电压的一半时，其存储的能量降低为所能存储的最大能量的25%。当超级电容放出或吸收相同电能时，超级电容初始电压越低，电压变化越大。因此，为防止超级电容过度放电，通常超级电容可使用的最低电压为其最高电压的一半，可使用的能量为其最大存储能量的75%。

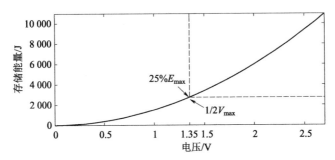

图2.12 3 000 F 超级电容能量随电压的变化曲线

超级电容作为一种新型的储能元件，由于其显著的特点和优势，在世界范围内引起了广泛的关注和重视。在超级电容产业方面，美国、日本、韩国和俄罗斯等国家的公司经过多年的研究开发以及技术积累，在目前的国际市场上占有比较重要的地位。其中，美国的 Maxwell 公司，日本的 Nec 公司，韩国的 Ness 公司和俄罗斯的 Econd 公司等，占据着全球大部分市场。在上述公司中，美国 Maxwell 的产品在市场上得到最广泛的应用。因此，本课题中选用 Maxwell 公司生产的超级电容系列的产品。Maxwell 公司的 K2 系列单体电压为 2.7 V 的超级电容单体有不同容量的多种产品（图 2.13），不同容量的超级电容单体产品的主要性能参数见表 2.2。

图2.13 Maxwell 公司 K2 系列超级电容单体产品

表 2.2　Maxwell 公司 K2 系列超级电容单体产品性能参数

参数 \ 容量/F	650	1 200	1 500	2 000	3 000
内阻 /mΩ	0.8	0.58	0.47	0.35	0.29
最大电流 /A	680	930	1 150	1 500	1 900
最大漏电流（25℃）/mA	1.5	2.7	3.0	4.2	5.2
质量 /g	160	260	280	360	510
功率密度 /（W·kg^{-1}）	6 800	5 800	6 600	6 900	5 900
能量密度 /（Wh·kg^{-1}）	4.1	4.7	5.4	5.6	6.0
长度 /mm	51.5	74	85	102	138

与电池模型相似，采用由电气元件构成的等效电路模型来模拟超级电容的动态特性[130]。

图 2.14 所示为超级电容等效电路模型。其中，C 为理想电容；R_{int} 为超级电容的等效串联内阻，可以模拟在充放电过程中瞬间端电压的突变和热损失等；R_p 为超级电容的漏电阻，模拟超级电容自放电时的漏电损失，通常要经过很长的时间才能体现出该特性，所以在简化的等效模型中，R_p 通常被忽略。忽略 R_p 后，超级电容端电压 $V(t)$ 可表示为

$$V(t) = R_{int}i_C + V_C(t) = R_{int}i_C + \frac{1}{C}\int_0^t i_0 dt \qquad （2.12）$$

式中：$V(t)$——超级电容端电压；

　　　　R_{int}——超级电容内阻；

　　　　i_C——超级电容输入输出电流；

　　　　$V_C(t)$——超级电容模型理想电容 C 的

　　　　　　　　电压；

　　　　C——超级电容容量。

在 Matlab/Simulink 软件中建立的超级电容仿真模型，如图 2.15 所示。模型中的 R_{int} 和理想电容 C 的值按表 2.2 中的参数设置。

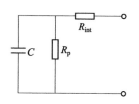

图 2.14　超级电容等效电路模型

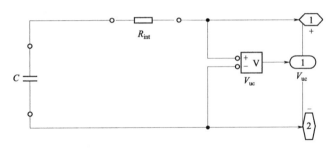

图 2.15　在 Matlab/Simulink 软件中建立的超级电容仿真模型

2.1.5　车辆纵向动力学模型

机电复合传动最终是为车辆的驱动及能量供给服务的，因此需要结合车辆的动力学特性来评价其性能。混合动力车辆行驶过程中的阻力主要包括空气阻力 F_{aero}、滚动阻力 F_r、坡道阻力 F_g。

$$\begin{cases} F_{aero} = 0.5\rho_{air}A_wC_dv^2 \\ F_r = \mu_t M_v g\cos(\varPhi) \\ F_g = M_v g\sin(\varPhi) \end{cases} \quad (2.13)$$

式中，ρ_{air} 为空气密度；A_w 为迎风面积；C_d 为车辆风阻系数摩擦副数；v 为车速；μ_t 为滚动摩擦系数；M_v 为车辆总质量；$\varPhi$ 为坡道角。

若假设驱动轮等效半径为 R_t，则作用于其上的负载转矩为

$$T_L = (F_g + F_r + F_{aero})R_t \quad (2.14)$$

最终车辆纵向动力学模型为

$$M_v v = T_d - T_L \quad (2.15)$$

式中，T_d 为驱动转矩。

|2.2　双模混联式混合动力车辆动力传动系统分析|

双模混联式混合动力车辆动力传动系统的构型如图 2.16 所示。

混合动力系统主要由柴油发动机、两个永磁同步电机、电池组、离合器、制动器和功率分配装置组成。功率分配装置主要包括三个简单行星排，发动机与第一行星排的行星架相连，电机 A 与第二行星排的齿圈连接，电机 B 则与共同太阳轮相连，第二行星排的行星架与第一行星排齿圈相连，当离合器

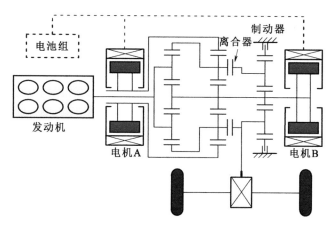

图 2.16　双模混联式混合动力车辆动力传动系统的构型

接合时还与第三行星排的行星架相连，第三行星排的齿圈可通过制动器制动。当制动器制动、离合器分离时为机电无级传动一模式（Electrically Variable Transmission 1，EVT1），而当离合器接合、制动器松开时为机电无级传动二模式（Electrically Variable Transmission 2，EVT2），具体系统参数请见表 2.3。

表 2.3　车辆主要参数

项目	参数
车重	4 500 kg
发动机	最大功率 120 kW
电机	峰值转矩 400 N·m，额定功率 60 kW
电池组	额定容量 36 Ah
第一、二排齿数比	2.13
第三排齿数比	2.33
主减速比	4.42
车轮半径	0.318 m

2.2.1　转速分析

行星排通常由太阳轮、行星架和齿圈组成，如图 2.17 所示，简单行星排的转速方程为

$$\omega_i + K\omega_j - (1+K)\omega_k = 0 \qquad (2.16)$$

式中，ω_i、ω_j 和 ω_k 分别对应太阳轮、齿圈和行星架转速，K 为行星排齿数比。

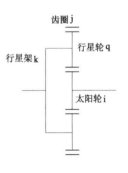

图 2.17　简单行星排

由图 2.16 可知，双模混联式混合动力车辆的功率分配装置（行星耦合机构）包括三个简单行星排，根据 EVT1 模式的拓扑结构写出转速关系：

$$\begin{cases} \omega_B + K_1\omega_{r1} - (1+K_1)\omega_E = 0 \\ \omega_B + K_2\omega_A - (1+K_2)\omega_{r1} = 0 \\ \omega_B - (1+K_3)\omega_O = 0 \end{cases} \quad (2.17)$$

式中，下标 A、B、E、O 分别对应电机 A、电机 B、发动机和输出端（三排行星架）；下标 r 对应齿圈，下标数字 1，2，3 对应第 1、2、3 行星排。

消去 ω_{r1}，可将 EVT1 模式下电机与发动机、输出端的转速关系表示为矩阵形式：

$$\begin{bmatrix} \omega_A \\ \omega_B \end{bmatrix} = \begin{bmatrix} \dfrac{(1+K_1)(1+K_2)}{K_1K_2} & -\dfrac{(1+K_1+K_2)(1+K_3)}{K_1K_2} \\ 0 & 1+K_3 \end{bmatrix} \begin{bmatrix} \omega_E \\ \omega_O \end{bmatrix} \quad (2.18)$$

同理，可得 EVT2 模式下电机与发动机、输出端的转速关系式：

$$\begin{bmatrix} \omega_A \\ \omega_B \end{bmatrix} = \begin{bmatrix} -\dfrac{1+K_2}{K_1} & \dfrac{1+K_1+K_2}{K_1} \\ 1+K_2 & -K_2 \end{bmatrix} \begin{bmatrix} \omega_E \\ \omega_O \end{bmatrix} \quad (2.19)$$

2.2.2　转矩分析

假定功率分配装置各元件处于稳态工况下，并忽略摩擦力，根据行星机构的转矩关系，可得 EVT1 模式下系统电机与发动机、输出端之间的转矩关系式：

$$\begin{bmatrix} T_A \\ T_B \end{bmatrix} = \begin{bmatrix} -\dfrac{K_1K_2}{(1+K_1)(1+K_2)} & 0 \\ -\dfrac{1+K_1+K_2}{(1+K_1)(1+K_2)} & \dfrac{1}{1+K_3} \end{bmatrix} \begin{bmatrix} T_E \\ T_O \end{bmatrix} \quad (2.20)$$

同理，EVT2 模式下系统电机与发动机、输出端之间的转矩关系式为

$$\begin{bmatrix} T_A \\ T_B \end{bmatrix} = \begin{bmatrix} -\dfrac{K_1K_2}{(1+K_1)(1+K_2)} & \dfrac{K_1}{1+K_1} \\ -\dfrac{1+K_1+K_2}{(1+K_1)(1+K_2)} & \dfrac{1}{1+K_1} \end{bmatrix} \begin{bmatrix} T_E \\ T_O \end{bmatrix} \quad (2.21)$$

2.2.3　机械点分析

为方便分析，定义发动机与输出端的速比为

$$\rho = \frac{\omega_E}{\omega_O}$$

在 EVT1 模式下，若速比满足下式：

$$\rho^{EVT1} = \frac{\omega_E}{\omega_O} = \frac{(1+K_1+K_2)(1+K_3)}{(1+K_1)(1+K_2)} \tag{2.22}$$

则此时电机 A 转速为 0：

$$\omega_A = \frac{(1+K_1)(1+K_2)}{K_1 K_2}\omega_E - \frac{(1+K_1+K_2)(1+K_3)}{K_1 K_2}\omega_O = 0 \tag{2.23}$$

从而有电机功率为 0：

$$P_A = \omega_A \cdot T_A = 0$$

若此时以下关系式满足：

$$T_B = -\frac{1+K_1+K_2}{(1+K_1)(1+K_2)}T_E + \frac{1}{1+K_3}T_O = 0 \tag{2.24}$$

则可得到：

$$T_O = \frac{(1+K_1+K_2)(1+K_3)}{(1+K_1)(1+K_2)}T_E = \rho^{EVT1} \cdot T_E \tag{2.25}$$

系统的输入、输出功率平衡条件也满足：

$$T_O \cdot \omega_O = \rho^{EVT1}T_E \cdot \frac{\omega_E}{\rho^{EVT1}} = T_E \cdot \omega_E \tag{2.26}$$

最终得到：

$$\omega_A \cdot T_A = \omega_B \cdot T_B = 0$$

即电机 A、B 此时均不提供功率，该速比 ρ^{EVT1} 对应 EVT1 的一个机械点，上标表示 EVT1 模式。

本书中，第 1、2、3 行星排齿数比分别为 2.13，2.13 和 2.33，故有：

$$\rho^{EVT1} = \frac{(1+2.13+2.13)(1+2.33)}{(1+2.13)(1+2.13)} = 1.787\ 9$$

同理，可以得到 EVT2 模式下的两个机械点：

$$\rho_1^{EVT2} = \frac{K_2}{(1+K_2)} = \frac{2.13}{(1+2.13)} = 0.680\ 5$$

$$\rho_2^{\text{EVT2}} = \frac{(1+K_1+K_2)}{(1+K_2)} = \frac{(1+2.13+2.13)}{(1+2.13)} = 1.680\,5$$

2.2.4 功率流分析

双模混联式混合动力车辆的机电无级传动特性、动力性与经济性优化均与其功率分配装置的功率流情况密切相关。功率分配装置用于实现不同功率源（机械功率和电功率）的分流与汇集。下面对功率分配装置的功率流特性进行分析。

双模混联式混合动力车辆采用的功率分配装置由简单行星排组合而成，简单行星排的功率平衡方程为：

$$P_i + P_j + P_k = 0 \tag{2.27}$$

式中，P 为部件功率。

各部件的功率满足下式[107]：

$$\frac{P_k}{P_i} = K \cdot \frac{\omega_k}{\omega_i}, \quad \frac{P_k}{P_j} = \frac{-K}{1+K} \cdot \frac{\omega_k}{\omega_j} \tag{2.28}$$

功率流分析的步骤：

（1）对功率分配装置进行运动学分析。

（2）假设发动机输入功率为 1，利用上式求取各行星排中的元件功率值。

（3）确定各驱动元件和被动件连接节点，并将功率平衡条件应用于各个节点。

（4）将已知功率值和速比（ $\rho = \omega_E / \omega_O$ ）代入各功率平衡方程并求解，最终可求得功率流方向和功率分流系数（电机 A、B 的功率与发动机功率比值）。

本书以 EVT1 模式为例，首先对各行星排进行运动学分析

$$\begin{cases} \dfrac{\omega_{s1}}{\omega_{c1}} = \dfrac{(1+K_3)\omega_O}{\omega_E} = \dfrac{(1+K_3)}{\rho}, \quad \dfrac{\omega_{r1}}{\omega_{c1}} = \dfrac{(1+K_1)\lambda - (1+K_3)}{K_1 \cdot \rho} \\[3mm] \dfrac{\omega_{c2}}{\omega_{s2}} = \dfrac{(1+K_1)\rho - (1+K_3)}{K_1 \cdot (1+K_3)}, \quad \dfrac{\omega_{r2}}{\omega_{s2}} = \dfrac{(1+K_1)(1+K_2)\rho - (1+K_2)(1+K_3)}{K_1 \cdot K_2(1+K_3)} - \dfrac{1}{K_2} \\[3mm] \dfrac{\omega_{c3}}{\omega_{s3}} = \dfrac{1}{1+K_3}, \quad \omega_{r3} = 0 \end{cases}$$

$$\tag{2.29}$$

对各行星排列功率平衡方程：

$$\begin{cases} \dfrac{P_{s1}}{P_{c1}} = \dfrac{(1+K_3)}{-\rho(1+K_1)} \\[2mm] \dfrac{P_{r1}}{P_{c1}} = \dfrac{K_1 \cdot \rho}{(1+K_1)\rho - (1+K_3)} \cdot \dfrac{-K_1}{(1+K_1)} \\[2mm] \dfrac{P_{c2}}{P_{s2}} = \dfrac{(1+K_1)\rho - (1+K_3)}{K_1 \cdot (1+K_3)} \cdot (-K_2 - 1) \\[2mm] \dfrac{P_{r2}}{P_{s2}} = \dfrac{(1+K_1)(1+K_2)\rho - (1+K_2)(1+K_3)}{K_1 \cdot (1+K_3)} - 1 \\[2mm] P_{r3} = 0 \\[1mm] P_{s3} = -P_{c3} \end{cases} \qquad (2.30)$$

结合 EVT1 拓扑结构，对连接部件列出功率平衡方程：

$$\begin{cases} P_E + P_{c1} = 0 \\ P_{s1} + P_{s1-s2} = 0 \\ P_{r1} + P_{r1-c2} = 0 \\ P_{c2} + P_{r1-c2} = 0 \\ P_{r2} + P_A = 0 \\ P_{s2-s3} + P_{s3} + P_B = 0 \\ P_{s2} + P_{s1-s2} + P_{s2-s3} = 0 \\ P_{c3} + P_O = 0 \end{cases} \qquad (2.31)$$

最终 EVT1 的功率流情况如图 2.18 所示，当速比大于 EVT1 机械点速比（1.787 9）时发动机的功率经一排行星架分别传至二排行星架和一排太阳轮。二排行星架的功率又进行分流，一部分经二排太阳轮与一排太阳轮传来的功率汇集后传至三排太阳轮，另一部分传给电机 A，电机 A 作为发电机工作，机械能转换为电能，供给电机 B，电机 B 作为电动机工作，电机 B 输出的机械功率与前述发动机经分流传至三排太阳轮上的机械功率一并由三排行星架处输出，如图 2.18（a）所示。而当速比小于机械点对应速比（1.787 9）时发动机的功率经一排行星架分别传至二排行星架和一排太阳轮。此时电机 A 作为电动机工作，向系统输入机械能，与二排行星架上的功率一起经二排太阳轮与一排太阳轮传来的功率汇集后传至三排太阳轮，此时电机 B 作为发电机工作，三排太阳轮一部分功率传给电机 B 发电，剩余部分由三排行星架处输出，如图 2.18（b）所示。

同理，可分析 EVT2 模式的功率流情况，最终结果如图 2.19 所示，当速比小于 EVT2 第一机械点速比（0.680 5）时电机 A 为发电机、电机 B 为电动机，电动机输入功率传至二排太阳轮和一排太阳轮，传至一排太阳轮的部分功率与行星架输入的发动机功率汇集后经由一排齿圈传至二排行星架，二排齿圈处分流部分功率至电机 A 用于发电，最终剩余功率由二、三排共同行星架输出

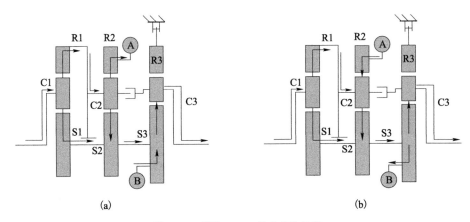

图 2.18　最终 EVT1 的功率流示意

（a）ρ>1.787 9；（b）ρ<1.787 9

用于驱动车辆，如图 2.19（a）所示。当速比在 EVT2 第一机械点速比（0.680 5）和 EVT2 第二机械点速比（1.680 5）之间时，电机 A 为电动机、电机 B 为发电机，发动机的功率经一排行星架分别经一排齿圈传至二排行星架，和经一排太阳轮传至二排太阳轮，二排太阳轮处分流一部分功率传至电机 B 用于发电，最终所剩的电机 A 输入功率与发动机输入功率经二、三排共同行星架输出功率驱动车辆，如图 2.19（b）所示。当速比大于 EVT2 第二机械点速比（1.680 5）时，电机 A 为发电机、电机 B 为电动机，发动机的功率经一排行星架分别传至二排行星架和一排太阳轮，经一排太阳轮传递的部分发动机功率与电动机输入功率一同传至二排太阳轮，二排齿圈处分流部分功率传至电机 A 用于发电，最终二、三排共同行星架输出功率驱动车辆，如图 2.19（c）所示。

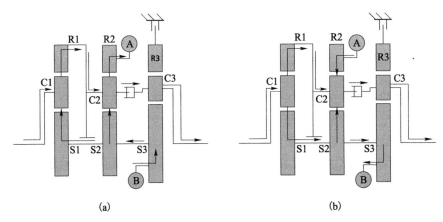

图 2.19　EVT2 功率流示意

（a）ρ<0.680 5；（b）0.680 5<ρ<1.680 5

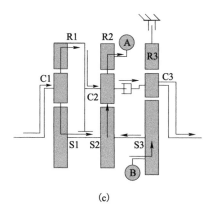

图 2.19   EVT2 功率流示意（续）

（c）$\rho > 1.680\ 5$

2.2.5   功率分配机构效率研究

不考虑搅油损失、润滑等因素的影响，直齿啮合齿轮副的啮合效率经验公式[108]可表示为：

$$\eta_{ab} = 1 - \left| \frac{1}{5} \left(\frac{1}{Z_a} \pm \frac{1}{Z_b} \right) \right|$$

式中，η 表示效率，Z_a 和 Z_b 为两啮合齿轮的齿数，正、负号分别对应着外啮合和内啮合，下标 ab 表示功率由 a 流入 b。本书在计算时为了简便分别将内外啮合效率取为 0.98 和 0.97。

η_{ij}^0 定义为行星架固定时的简单行星排齿轮的效率：

$$\eta_{ij}^0 = \eta_{iq} \cdot \eta_{qj}$$

注意：齿轮副的啮合效率与观察者所处的参考坐标系（固定于行星架上）无关，作用于太阳轮、齿圈和行星架的转矩始终满足转矩平衡方程：

$$T_i + T_j + T_k = 0$$

假设行星架固定，则各元件之间的相对转速为

$$\omega_{ij} = \omega_i - \omega_j = \omega_i \left(1 + \frac{1}{K} \right)$$

$$\omega_{kj} = \omega_k - \omega_j = 0 - \omega_j = \frac{\omega_i}{K} \tag{2.32}$$

$$\omega_{ik} = \omega_i - \omega_k = \omega_i$$

主动件：太阳轮。被动件：齿圈。固定件：行星架。

$$\eta_{ij}^0 T_i\, \omega_i + T_j\, \omega_j = 0$$

$$\omega_i = -K\omega_j \tag{2.33}$$

$$T_i + T_j + T_k = 0$$

得到

$$T_j = T_i\, K\eta_{ij}^0$$

$$T_k = -T_i\,(K\eta_{ij}^0 + 1) \tag{2.34}$$

主动件：齿圈。被动件：太阳轮。固定件：行星架。

$$\eta_{ji}^0 T_j\, \omega_j + T_i\, \omega_i = 0$$

$$\omega_i = -K\omega_j \tag{2.35}$$

$$T_i + T_j + T_k = 0$$

得到

$$T_i = T_j\, \frac{\eta_{ji}^0}{K}$$

$$T_k = -T_j\left(\frac{\eta_{ji}^0}{K} + 1\right) \tag{2.36}$$

主动件：太阳轮。被动件：行星架。固定件：齿圈。此时效率

$$\eta_{j(i-k)} = -\frac{P_k}{P_i} = -\frac{T_k\omega_k}{T_i\omega_i} \tag{2.37}$$

齿圈固定，由转速方程可得

$$\omega_i = (1+K)\omega_k \tag{2.38}$$

则太阳轮与行星架的相对转速为

$$\omega_{ik} = (1+K)\omega_k - \omega_k = K\omega_k \tag{2.39}$$

$\eta_{j(i-k)}$ 可改写为

$$\eta_{j(i-k)} = \frac{T_i(K\eta_{ij}^0+1)\dfrac{\omega_i}{K}}{T_i\left(1+\dfrac{1}{K}\right)\omega_i} = \frac{K\eta_{ij}^0+1}{K+1} \tag{2.40}$$

主动件：行星架。被动件：太阳轮。固定件：齿圈。

$$\eta_{j(k-i)} = -\frac{P_i}{P_k} = -\frac{T_i\omega_i}{T_k\omega_k}$$

$$\omega_k = \frac{\omega_i}{1+K}$$

$$\omega_{kj} = \frac{\omega_i}{K} \tag{2.41}$$

效率可转换为

$$\eta_{j(k-i)} = \frac{T_i\left(1+\dfrac{1}{K}\right)\omega_i}{T_i(K\eta_{ij}^0+1)\dfrac{\omega_i}{K}} = \frac{K+1}{K\eta_{ij}^0+1} \tag{2.42}$$

主动件：齿圈。被动件：行星架。固定件：太阳轮。

$$\eta_{i(j-k)} = -\frac{P_k}{P_j} = -\frac{T_k\omega_k}{T_j\omega_j} \tag{2.43}$$

由于太阳轮固定，可得

$$\omega_j = \frac{(1+K)\omega_k}{K}$$

$$\omega_{jk} = \omega_j - \omega_k = \frac{(1+K)}{K}\omega_k - \omega_k = \frac{\omega_k}{K} \tag{2.44}$$

效率可转换为

$$\eta_{i(j-k)} = \frac{T_j\left(\dfrac{\eta_{ji}^0}{K}+1\right)\omega_k}{T_j\left(\dfrac{K+1}{K}\right)\omega_k} = \frac{K+\eta_{ji}^0}{K+1} \tag{2.45}$$

主动件：行星架。被动件：齿圈。固定件：太阳轮。

$$\eta_{i(k-j)} = -\frac{P_j}{P_k} = -\frac{T_j\omega_j}{T_k\omega_k} \tag{2.46}$$

由于太阳轮固定，可得

$$\omega_j = \frac{(1+K)}{K}\omega_k$$

$$\omega_{jk} = \omega_j - \omega_k = \frac{(1+K)}{K}\omega_k - \omega_k = \frac{\omega_k}{K} \tag{2.47}$$

$$\eta_{i(p-n)} = \frac{T_i(K\eta_{ij}^0)\omega_j}{T_i(K\eta_{ij}^0+1)\omega_j\dfrac{K}{K+1}} = \frac{K+1}{K+\dfrac{1}{\eta_{ij}^0}}$$

对于具有二自由度的基本行星排，单个元件 p 的绝对旋转角速度可以表示为另外两个基本元件 m，n 的绝对旋转角速度的线性组合：

$$\omega_p = a\omega_m + b\omega_n = \omega_p' + \omega_p'' \tag{2.48}$$

如图 2.20 所示，有两种可能的功率流向：双输入、单输出和单输入、双输出。对双输入、单输出情况，假设功率由基本元件 m，n 流入基本行星排，η_e 为行星排效率，则有

$$(P_m + P_n)\eta_e + P_p = 0 \qquad (2.49)$$

$$\eta_e = \frac{|P_p|}{P_m + P_n} \qquad (2.50)$$

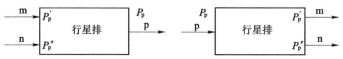

图 2.20　二自由度行星机构功率示意

若假设

$$P_p' = \omega_p' T_p, \quad P_p'' = \omega_p'' T_p$$

$$P_p = P_p' + P_p'' = T_p(\omega_p' + \omega_p'') \qquad (2.51)$$

$$P_p' = P_m \eta_{n(m-p)}, \quad P_p'' = P_n \eta_{m(n-p)}$$

$$\eta_e = \frac{|P_p|}{P_m + P_n} = \frac{|P_p|}{\dfrac{P_p'}{\eta_{n(m-p)}} + \dfrac{P_p''}{\eta_{m(n-p)}}} = \frac{\omega_p}{\dfrac{\omega_p'}{\eta_{n(m-p)}} + \dfrac{\omega_p''}{\eta_{m(n-p)}}}$$

对于单输入、双输出的情况，有

$$P_m = P_p' \eta_{n(p-m)}, \quad P_n = P_p'' \eta_{m(p-n)}$$

$$P_p' = \omega_p' T_p, \quad P_p'' = \omega_p'' T_p \qquad (2.52)$$

$$\eta_e = \frac{P_m + P_n}{P_p} = \frac{P_p'\eta_{n(p-m)} + P_p''\eta_{m(p-n)}}{P_p} = \frac{\omega_p'\eta_{n(p-m)} + \omega_p''\eta_{m(p-n)}}{\omega_p}$$

二自由度行星排系统效率见表 2.4。

表 2.4　二自由度行星排系统效率

主动	被动	系统效率 η_e
i，k	j	$\dfrac{\omega_j}{\dfrac{K+1}{K\eta_{i(k-j)}}\omega_k + \dfrac{1}{-K\eta_{k(i-j)}}\omega_i}$
j，k	i	$\dfrac{\omega_i}{\dfrac{-K}{\eta_{k(j-i)}}\omega_j + \dfrac{1+K}{\eta_{j(k-i)}}\omega_k}$

续表

主动	被动	系统效率 η_e
i, j	k	$\dfrac{\omega_k}{\dfrac{\omega_i}{(1+K)\eta_{j(i-k)}}+\dfrac{K\omega_j}{(K+1)\eta_{i(j-k)}}}$
i	j, k	$\dfrac{(1+K)\eta_{j(i-k)}\omega_k-\eta_{k(i-j)}K\omega_j}{\omega_i}$
k	i, k	$\dfrac{(K+1)\eta_{i(j-k)}\omega_k-\eta_{k(i-j)}\omega_i}{K\omega_j}$
k	i, j	$\dfrac{\eta_{i(k-j)}K\omega_j+\eta_{j(k-i)}\omega_i}{(K+1)\omega_k}$

二自由度行星排功率平衡方程见表 2.5。

表 2.5　二自由度行星排功率平衡方程

主动	被动	功率平衡方程
i, k	j	$T_j\omega_j+\eta_e(T_i\omega_i+T_k\omega_k)=0$
j, k	i	$T_i\omega_i+\eta_e(T_j\omega_j+T_k\omega_k)=0$
i, j	k	$T_k\omega_k+\eta_e(T_j\omega_j+T_i\omega_i)=0$
i	j, k	$\eta_e T_i\omega_i+(T_j\omega_j+T_k\omega_k)=0$
j	i, k	$\eta_e T_j\omega_j+(T_i\omega_i+T_k\omega_k)=0$
k	i, j	$\eta_e T_k\omega_k+(T_j\omega_j+T_i\omega_i)=0$

需要注意，图 2.21 中的效率模型仅对应于电池功率接近于 0 的情形，意味着一个电机作为电动机时，另一个电机则充当发电机，而二者电功率实现平衡。

此时电动机的用电功率和发电机的充电功率均被认为发动机输入功率的函数：

$$\begin{cases} P_A=P_E f_A^{EVT1}(\rho),\ P_B=P_E f_B^{EVT1}(\rho) & \text{EVT1} \\ P_A=P_E f_A^{EVT2}(\rho),\ P_B=P_E f_B^{EVT2}(\rho) & \text{EVT2} \end{cases} \qquad (2.53)$$

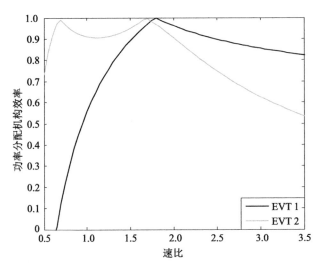

图 2.21　功率分配装置效率

若不考虑行星排机械损失，则定义功率分配机构的效率如下：

$$\begin{cases} P_A<0, P_B>0: \eta_{trans} = \dfrac{P_O}{P_A(1-\bar{\eta}_{ch})+P_B(\bar{\eta}_{dis}^{-1}-1)+P_O} \\ P_A>0, P_B<0: \eta_{trans} = \dfrac{P_O}{P_B(1-\bar{\eta}_{ch})+P_A(\bar{\eta}_{dis}^{-1}-1)+P_O} \end{cases} \quad (2.54)$$

式中，η_{trans} 为功率分配机构效率；P_A，P_B 分别为电机 A、B 功率；P_O 为输出功率，P_E 为发动机功率；$\bar{\eta}_{ch}$，$\bar{\eta}_{dis}$ 分别为电机作为发电机、电动机工作时的平均效率；f 是一个与速比相关的功率分流系数，由功率流分析得到，不同速比下的耦合机构效率曲线如图 2.22 所示。

考虑行星排机械损失，则利用行星排功率流、单自由度和二自由度效率分析方法，集成分析由多个简单排组合而成的功率分配装置的效率。本节的分析基于一个基本假设：功率流分析中未计入的损失不会影响行星耦合机构的功率流向和分流形式。对于某个基本行星排，根据功率流分析的结果，得到基本行星排的主、被动件和功率流向，在表中选取合适的表达式，结合转速方程和转矩方程，可得到如下的功率方程。

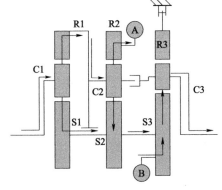

图 2.22　EVT1 功率流情况
（$\rho^{EVT1}>1.787\,9$）

$$\alpha P_i + \beta P_j = 0 \qquad\qquad (2.55)$$

α，β 归纳于表 2.6。

表 2.6　功率方程系数

主动	被动	α	β
i, k	j	$-K\eta_e\omega_j(\omega_j-\omega_i)$	$\omega_i\omega_j(1+K)-\eta_e\omega_i(K\omega_j+\omega_i)$
j, k	i	$\omega_i\omega_j(1+K)-\eta_e\omega_j(K\omega_j+\omega_i)$	$\eta_e\omega_i(\omega_j-\omega_i)$
i, j	k	$\omega_j(\omega_i+K\omega_j)-\eta_e\omega_i\omega_j(K+1)$	$-K\omega_i\omega_j(\eta_e-1)+\omega_i(\omega_i-\eta_e\omega_j)$
i	j, k	$\omega_j(\omega_i+K\omega_j)-\eta_e\omega_i\omega_j(K+1)$	$\omega_i(\omega_i-\omega_j)$
j	i, k	$-K\omega_j(\omega_j-\omega_i)$	$-\omega_i(K\omega_j+\omega_i)+\eta_e\omega_i\omega_j(1+K)$
k	i, j	$\omega_i\omega_j(1+K)-\eta_e\omega_j(K\omega_j+\omega_i)$	$-K\omega_i\omega_j(\eta_e-1)+\omega_i(\omega_j-\eta_e\omega_i)$

集成分析过程如下：

（1）根据功率分配机构的构型进行运动学分析。

（2）进行功率流分析（不考虑机械效率）。

（3）在得到功率流方向后，由表 4、表 5、表 6 获得对应的功率平衡方程、所需的效率值及系数值。

（4）对于每个连接节点，写出功率平衡条件。

（5）确定系统的功率输入点和输出点，可定义输入功率分别为 $P_{inx}(x=1,2,3,\cdots)$，输出功率则分别为 $P_{outx}(x=1,2,3,\cdots)$。

（6）求解出各个行星排元件以及各连接点的功率平衡方程。

（7）所得的输出功率之和与输入功率之和的比例即为系统总效率。

以 $\rho^{EVT1}>1.787\,9$ 的流程为例说明分析效率的步骤：首先根据运动学与功率流分析得到各行星排的主、被动件情况：

行星排 1：主动件为行星架，被动件为齿圈和太阳轮，因此有

$$\eta_{e1}T_{k1}\omega_{k1}+(T_{j1}\omega_{j1}+T_{i1}\omega_{i1})=0$$

式中，

$$\eta_{e1}=\frac{-\eta_{i1(k1-j1)}K_1\omega_{j1}-\eta_{j1(k1-i1)}\omega_{i1}}{(-K_1-1)\omega_{k1}}=\frac{-0.994\times2.13\omega_{j1}-0.979\omega_{i1}}{(-3.13)\omega_{k1}}$$

$$=\frac{-0.994\times3.13\omega_E+0.014\omega_B}{(-3.13)\omega_E}$$

式中，

$$\eta_{\mathrm{i1(k1-j1)}} = (-K-1)\eta_{\mathrm{ij}}^o \big/ (-K\eta_{\mathrm{ij}}^o - 1) = 0.994$$

$$\eta_{\mathrm{j1(k1-i1)}} = (-K-1)\eta_{\mathrm{ji}}^o \big/ (-K-\eta_{\mathrm{ji}}^o) = 0.979$$

$$\omega_{\mathrm{r1}} = \frac{(1+K_1)\omega_{\mathrm{E}} - \omega_{\mathrm{B}}}{K_1}$$

列功率方程：

$$\alpha P_{\mathrm{s1}} + \beta P_{\mathrm{r1}} = 0$$

式中，

$$\alpha = \omega_{\mathrm{i}}\omega_{\mathrm{j}}(1+K) + \eta_{\mathrm{E}}\omega_{\mathrm{j}}(-K\omega_{\mathrm{j}} - \omega_{\mathrm{i}})$$

$$= 3.13\omega_{\mathrm{B}}\frac{3.13\omega_{\mathrm{E}} - \omega_{\mathrm{B}}}{2.13} + \frac{-0.994\times3.13\omega_{\mathrm{E}} + 0.014\omega_{\mathrm{B}}}{(-3.13)\omega_{\mathrm{E}}} \cdot \frac{(3.13)\omega_{\mathrm{E}} - \omega_{\mathrm{B}}}{2.13}$$

$$\beta = -K\omega_{\mathrm{i}}\omega_{\mathrm{j}}(\eta_{\mathrm{E}} - 1) + \omega_{\mathrm{i}}(\omega_{\mathrm{j}} - \eta_{\mathrm{E}}\omega_{\mathrm{i}})$$

$$= -2.13\omega_{\mathrm{B}} \cdot \frac{3.13\omega_{\mathrm{E}} - \omega_{\mathrm{B}}}{2.13} \cdot \frac{0.006\,5\times3.13\omega_{\mathrm{E}} + 0.014\omega_{\mathrm{B}}}{(-3.13)\omega_{\mathrm{E}}} +$$

$$\omega_{\mathrm{B}} \cdot \left(\frac{3.13\omega_{\mathrm{e}} - \omega_{\mathrm{B}}}{2.13} - \frac{-0.994\times3.13\omega_{\mathrm{E}} + 0.014\omega_{\mathrm{B}}}{(-3.13)\omega_{\mathrm{E}}} \cdot \omega_{\mathrm{B}} \right)$$

此外，有

$$P_{\mathrm{s1}} + P_{\mathrm{r1}} + \frac{-0.994\times3.13\omega_{\mathrm{E}} + 0.014\omega_{\mathrm{B}}}{(-3.13)\omega_{\mathrm{E}}} \cdot P_{\mathrm{c1}} = 0$$

行星排 2：主动件为行星架，被动件为齿圈和太阳轮，因此有

$$\eta_{\mathrm{e2}}T_{\mathrm{k2}}\omega_{\mathrm{k2}} + (T_{\mathrm{j2}}\omega_{\mathrm{j2}} + T_{\mathrm{i2}}\omega_{\mathrm{i2}}) = 0$$

式中，

$$\eta_{\mathrm{e2}} = \frac{-\eta_{\mathrm{i2(k2-j2)}}K_2\omega_{\mathrm{j2}} - \eta_{\mathrm{j2(i2-i2)}}\omega_{\mathrm{i2}}}{(-K_2-1)\omega_{\mathrm{k2}}} = \frac{-0.994\times2.13\omega_{\mathrm{j2}} - 0.979\omega_{\mathrm{i2}}}{(-3.13)\omega_{\mathrm{k2}}}$$

$$= \frac{-0.994\times2.13\omega_{\mathrm{A}} - 0.979\omega_{\mathrm{B}}}{(-3.13)\dfrac{3.13\omega_{\mathrm{E}} - \omega_{\mathrm{B}}}{2.13}}$$

列功率方程：

$$\alpha P_{\mathrm{s1}} + \beta P_{\mathrm{r1}} = 0$$

式中，

$$\alpha = \omega_{\mathrm{i2}}\omega_{\mathrm{j2}}(1+K_2) + \eta_{\mathrm{E2}}\omega_{\mathrm{j2}}(-K_2\omega_{\mathrm{j2}} - \omega_{\mathrm{i2}})$$

$$= \omega_{\mathrm{B}} \cdot \omega_{\mathrm{A}} \cdot (3.13) + \frac{-0.994\times3.13\omega_{\mathrm{A}} + 0.014\omega_{\mathrm{B}}}{(-3.13)\dfrac{3.13\omega_{\mathrm{E}} - \omega_{\mathrm{B}}}{2.13}} \cdot \omega_{\mathrm{A}} \cdot (-2.13\omega_{\mathrm{A}} - \omega_{\mathrm{B}})$$

$$\beta = -K\omega_i\omega_j(\eta_E - 1) + \omega_i(\omega_j - \eta_E\omega_i) = -2.13\omega_B \cdot \frac{3.13\omega_E - \omega_B}{2.13} \cdot \frac{0.006\,5 \times 3.13\omega_E + 0.014\omega_B}{(-3.13)\omega_E} +$$

$$\omega_B\left(\frac{3.13\omega_E - \omega_B}{2.13} - \frac{-0.994 \times 2.13\omega_A - 0.979\omega_B}{(-3.13)\dfrac{3.13\omega_E - \omega_B}{2.13}} \cdot \omega_B\right)$$

此外，有

$$P_{s1} + P_{r1} + \eta_{e2}P_{c1} = 0$$

$$P_{s1} + P_{r1} + \frac{-0.994 \times 2.13\omega_A - 0.979\omega_B}{(-3.13)\dfrac{3.13\omega_E - \omega_B}{2.13}} \cdot P_{c1} = 0$$

行星排 3：主动件太阳轮，被动件行星架，有

$$\eta_{j3(i3-k3)} = \frac{-K_3\eta_{ij}^o - 1}{-K_3 - 1} = \frac{-2.33 \times 0.98 - 1}{-3.33} = 0.986\,0$$

$$\frac{P_{c3}}{P_{s3}} = -0.986\,0$$

最后，列出各连接件的功率平衡方程组：

$$\begin{cases} P_E + P_{c1} = 0 \\ P_{s1} + P_{s1-s2} = 0 \\ P_{r1} + P_{r1-c2} = 0 \\ P_{c2} + P_{r1-c2} = 0 \\ P_{r2} + P_A = 0 \\ P_{s2} + P_{s1-s2} + P_{s2-s3} = 0 \\ P_{r3} = 0 \\ P_{s2-s3} + P_{s3} + P_B = 0 \\ P_{c3} + P_O = 0 \end{cases} \tag{2.56}$$

求解方程组，输出功率与输入功率的比例即为系统总效率，其他模式的其余情况也按照类似的流程求解得到，最终获得的系统效率如图 2.23 所示。

若将功率分配机构的机械损失分别集中等效到电机处和输出端，则可将式改写为

$$\begin{cases} P_A = P_E\tilde{f}_A^{EVT1}(\rho),\ P_B = P_E\tilde{f}_B^{EVT1}(\rho) & EVT1 \\ P_A = P_E\tilde{f}_A^{EVT2}(\rho),\ P_B = P_E\tilde{f}_B^{EVT2}(\rho) & EVT2 \end{cases} \tag{2.57}$$

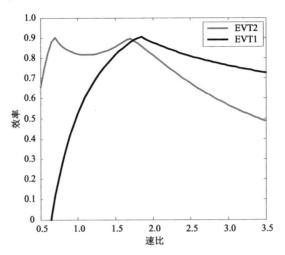

图 2.23　考虑机械效率后的功率分配装置效率

功率分配装置的效率包括电功率损失和机械功率损失，由于功率分配装置的机械损失，转矩方程式中的系数矩阵中的各元素实际上均为变量，但为了能够使得本书第三章中进行能源效率最优化策略设计时将转速、转矩表达式中的系数矩阵保持为线性定常，进而提高优化求解过程的计算效率，将图 2.23 和图 2.21 在各速比下的效率结果相除，将功率分配机构的机械效率（不包括电机效率）简化为一个等效平均机械效率 $\bar{\eta}$（本书求得的效率取平均值为 0.902），将机械损失计入实际的功率输出项：

$$\tilde{P}_o = P_o \cdot \bar{\eta}$$

功率分配装置效率为

$$\tilde{\eta}_{trans} = \eta_{trans} \cdot \bar{\eta}$$

式中，η_{trans} 为图 2.21 中未考虑机械损失的功率分配装置效率。

|2.3　本 章 小 结|

　　本章建立了机电复合传动系统中各子部件的数学模型和车辆纵向动力学模型，详细分析了机电复合传动系统的转速、转矩关系，机械点分布和不同速比情况下的功率流情况，并提出了一种考虑机械效率的功率分配装置综合效率分析模型，本章的研究内容为后文的能量管理优化控制策略开发和模式切换规则设计奠定了基础。

第 3 章

机电复合传动能量管理策略研究

|3.1 最优控制问题的数学背景|

混合动力车辆的能量管理策略本质上是最优控制的应用，其对应于控制理论中的一类问题：通过一定的数学手段求解得到一组控制输入序列，使性能目标最优。预设的性能目标一般均依赖于一定的时间历程，而该特定的序列被称为对应性能指标的最优控制律。

在混合动力车辆中，由能量管理策略给出的控制输入序列一般是通过各能量源的瞬时能量分配来表示，而对于动力传动系统拓扑结构和发动机、电机等系统参数已确定的混合动力车辆，在一定的循环工况下，能量最优控制问题即为在满足系统各约束条件下，求解得到使设定性能目标最优的系统功率分配的优化问题。首要的性能指标一般是完整行驶工况或时间历程的燃油消耗率。

3.1.1 最优控制问题描述

一个动态系统可由状态方程表示[35, 109]：

$$\dot{x} = f(x, u, t) \qquad (3.1)$$

式中，x 为状态变量向量；u 为控制输入向量；t 为时间。在时间历程 $t \in [t_0, t_f]$ 的最优控制问题中，最优控制律能够确保成本函数最小（性能指标最优）：

$$J = \phi(\boldsymbol{x}(t_f), t_f) + \int_{t_0}^{t_f} L(\boldsymbol{x}(t), \boldsymbol{u}(t), t) \mathrm{d}t \qquad （3.2）$$

$L(\boldsymbol{x}(t), \boldsymbol{u}(t), t)$ 为瞬时成本函数，若燃油消耗为唯一的性能目标，则瞬时成本函数即为瞬时燃油消耗；若将混合动力车辆的排放性能也作为性能指标的一部分，则性能指标可表示为燃油消耗和排放的加权平均形式。$\phi(\boldsymbol{x}(t_f), t_f)$ 代表终点成本函数，比如，终点时的电池荷电状态（State of Charge，SOC）相对其初始值的偏离量。

能量管理优化问题中的物理约束和控制输入约束可表示为：

$$\begin{cases} G(\boldsymbol{x}(t), t) \leqslant 0 \\ \boldsymbol{u}(t) \in U(t) \end{cases} \quad \forall t \in [t_0, t_f] \qquad （3.3）$$

物理约束需要在每一瞬时均满足，其对应了一系列不等式约束 $\boldsymbol{x}_{\min}(t) \leqslant \boldsymbol{x}(t) \leqslant \boldsymbol{x}_{\max}(t)$，$U(t)$ 为在 t 时刻的可实现控制输入量集合。

此外，还可以定义终点约束条件（边界约束条件）：

$$\psi(t_f, \boldsymbol{x}(t_f)) = 0 \qquad （3.4）$$

需要注意，终点约束条件中的 $\phi(\boldsymbol{x}(t_f), t_f)$ 不同，前者为硬约束，在进行优化时必须满足，而后者为软约束，引入成本函数中可以使得终值很接近于期望值，但并不一定严格相等。

3.1.2 最优控制问题求解方法

对于由上式所定义的最优控制问题，主要有两种代表性求解方法：第一种基于哈密顿－雅可比－贝尔曼方程（Hamilton-Jacobi-Bellman equation，HJB 方程）；第二种则是基于变分法的轨迹优化方法，其以庞特里亚金最小值原理（Pontryagin Minimum Principle，PMP）为代表。

动态规划（Dynamic Programming，DP）是一种求解 HJB 方程的有力的数值解法，其可用于求解以最小燃油消耗为代表的一族最优控制问题。而 PMP 则主要考虑单独的轨迹的最优化。DP 方法可以通过找到最优控制域的全部可能最优轨迹来获得全局最优解；而 PMP 只能给出最优轨迹在每一瞬时需要满足的必要条件，无法保证全局最优性。由于 PMP 给出的最优轨迹不一定是全局最优解，因此一般基于 PMP 给出的最优轨迹进行控制的效果不如 DP。另一方面，与 PMP 只需求解非线性二阶微分方程不同，DP 实际是 HJB 方程的一种数值近似，需要求解偏微分方程。由于 DP 求解所有可行的最优控制律，其计算量远远大于 PMP；其另一个主要缺点则是其计算量随优化变量的增多而呈指数性增加，而 PMP 的计算量与优化变量数量之间呈线性关系。

基于 PMP 的控制可给出一个最优轨迹，虽然该最优轨迹只是一个局部最优解（次优解），而非全局最优解，但其可大大减小求解全局最优解所需的计算量，具有在线应用潜力。

3.2 庞特里亚金最小值原理

3.2.1 最小值原理

混合动力车辆能量管理这一类控制变量受到约束限制时的最优控制问题，通常被称为有约束最优控制问题。对于有约束最优控制问题，无法直接应用变分法求解，而最小值原理可以用来解决这类问题。最小值原理是由苏联学者庞德里亚金在 1956 年提出的，庞特里亚金最小值原理从数学角度给出了最优控制问题的一系列瞬时最优必要条件：

定义哈密顿函数为 $H(\boldsymbol{x}(t), \boldsymbol{u}(t), t, \lambda(t)) = \lambda^{\mathrm{T}}(t) \cdot f(\boldsymbol{x}(t), \boldsymbol{u}(t), t) + \boldsymbol{L}(\boldsymbol{x}(t), \boldsymbol{u}(t), t)$，$\lambda(t)$ 是一个优化协同变量，对应经典最优控制理论中的伴随状态。则最优解 $\boldsymbol{u}^*(t)$ 使每一时刻的哈密顿函数最小：

$$\boldsymbol{u}^*(t) = \arg \min_{\boldsymbol{u} \in U} (H(\boldsymbol{x}, \boldsymbol{u}, \lambda, t)) \tag{3.5}$$

协同变量 λ 满足方程：

$$\dot{\lambda} = -\frac{\partial H}{\partial \boldsymbol{x}}\bigg|_{\boldsymbol{u}^*, \boldsymbol{x}^*} \tag{3.6}$$

状态向量 $\boldsymbol{x}^*(t)$ 满足终点硬约束条件：

$$\psi(t_{\mathrm{f}}, \boldsymbol{x}(t_{\mathrm{f}})) = 0 \tag{3.7}$$

若无终点约束条件作用在状态向量上，则终点条件需要作用于协同变量上：

$$\lambda^*(t_{\mathrm{f}}) = \frac{\partial \phi(\boldsymbol{x}(t_{\mathrm{f}}), t_{\mathrm{f}})}{\partial \boldsymbol{x}}\bigg|_{*, t_{\mathrm{f}}} \tag{3.8}$$

$\phi(\boldsymbol{x}(t_{\mathrm{f}}), t_{\mathrm{f}})$ 即为成本函数的终点成本项。

在一些控制问题中，状态变量需要保持在一定的边界范围内：

$$\boldsymbol{x}(t) \in \Omega_x(t), \quad \forall t \in [t_0, t_{\mathrm{f}}], \quad \Omega_x(t) = \{G(\boldsymbol{x}, t) \leqslant 0\}$$

$G(\boldsymbol{x}, t)$ 代表了状态向量中各分量所需满足的一系列不等式条件。

成本函数也需要修正为

$$J = \phi(\boldsymbol{x}(t_f), t_f) + \int_{t_0}^{t_f} L(\boldsymbol{x}(t), \boldsymbol{u}(t), t)\mathrm{d}t + \mu\, \Gamma(\boldsymbol{x}(t), t)\mathrm{d}t \qquad (3.9)$$

式中

$$\Gamma(\boldsymbol{x}(t), t) = \begin{cases} 0, G(\boldsymbol{x}(t), t) < 0 \\ 1, G(\boldsymbol{x}(t), t) \geqslant 0 \end{cases}$$

式中，μ 为常数向量，其数值必须设置足够大以确保在状态变量发生违约时对应的解为不可行解。

3.2.2 混合动力车辆最优控制问题应用

在混合动力车辆优化控制问题中，电池荷电状态 SOC 的变化量可近似表示为

$$\dot{\mathrm{SOC}}(t) = -\frac{V_{\mathrm{oc}}(\mathrm{SOC}(t)) - \sqrt{V_{\mathrm{oc}}^2(\mathrm{SOC}(t)) - 4R_{\mathrm{batt}}(\mathrm{SOC}(t))P_{\mathrm{batt}}(t)}}{2R_{\mathrm{batt}}(\mathrm{SOC}(t)) \cdot Q_{\mathrm{batt}}} \qquad (3.10)$$

若将电池荷电状态 SOC 选作系统状态变量，则系统的状态方程式可表示为

$$\dot{x}(t) = f(\boldsymbol{x}(t), \boldsymbol{u}(t), t) \qquad (3.11)$$

对不可外接充电的混合动力车辆而言，设计的能量管理策略应尽量保证 SOC 在工况开始时和结束时相等。在车辆使用过程中，电能消耗与石油燃料消耗相比可忽略，而最终的能量来源仍然是燃油，此时的优化成本函数可表示为

$$J = \int_{t_0}^{t_f} L\mathrm{d}t = \int_{t_0}^{t_f} \dot{m}_f \mathrm{d}t \qquad (3.12)$$

式中，$\dot{m}_f$ 为发动机瞬时燃油消耗率。

根据最小值原理，对应的哈密顿函数为

$$H = \lambda \cdot \dot{\mathrm{SOC}} + L = \lambda \cdot \dot{\mathrm{SOC}} + \dot{m}_f \qquad (3.13)$$

由于电池 SOC 的变化又可表示为

$$\dot{\mathrm{SOC}} = -\varepsilon_{\mathrm{batt}}(\mathrm{SOC}, P_{\mathrm{batt}}) \frac{P_{\mathrm{batt}}}{Q_{\mathrm{batt}}} \qquad (3.14)$$

式中，

$$\varepsilon_{\mathrm{batt}}(\mathrm{SOC}, P_{\mathrm{batt}}) = \begin{cases} \dfrac{1}{\eta_{\mathrm{batt}}(\mathrm{SOC}, P_{\mathrm{batt}})}, & P_{\mathrm{batt}} > 0 \\ 1 & , P_{\mathrm{batt}} = 0 \\ \eta_{\mathrm{batt}}(\mathrm{SOC}, P_{\mathrm{batt}}), & P_{\mathrm{batt}} < 0 \end{cases}$$

式中，P_{batt} 为电池功率；η_{batt} 为电池充（放）电效率；$\varepsilon_{batt}(SOC, P_{batt})$ 为效率表征系数。则哈密顿函数可表示为

$$H = \lambda \cdot \dot{SOC} + \dot{m}_f \quad (3.15)$$

状态方程为

$$\dot{SOC} = \frac{\partial H}{\partial \lambda} = -\varepsilon_{batt}(SOC, P_{batt})\frac{P_{batt}}{Q_{batt}} \quad (3.16)$$

电池容量为常数，因此可将上式表示为

$$\dot{SOC} = \xi(SOC, P_{batt}) \quad (3.17)$$

协态方程为

$$\dot{\lambda} = -\frac{\partial H}{\partial SOC} = \lambda \cdot \frac{\partial \varepsilon_{batt}(SOC, P_{batt})}{\partial SOC}\frac{P_{batt}}{Q_{batt}} = -\lambda \cdot \frac{\partial\left[\varepsilon_{batt}(SOC, P_{batt})\frac{P_{batt}}{Q_{batt}}\right]}{\partial SOC} \quad (3.18)$$

最优控制律根据全工况的最小值原理获得：

$$P_{batt}^* = \arg\min_{P_{batt} \in \Omega} H(\boldsymbol{x}^*, P_{batt}, \lambda^*, t) \quad (3.19)$$

对于混合动力车辆而言，还需要满足终值条件：

$$SOC(t_0) = SOC(t_f) \quad (3.20)$$

在最优轨迹 $\boldsymbol{x}^*(t)$ 上，与最优控制 P_{batt}^* 相对应的哈密顿函数取得最小值。

3.2.3 最小值原理的全局最优条件

当只存在一条同时满足控制问题的边界条件和最小值原理给出的一系列必要条件的状态轨迹时，由最小值原理给出的 SOC 轨迹将成为一个全局最优轨迹。锂离子电池用于插电式混合动力车辆时 SOC 的可许变化范围一般可设计为 0.2 ~ 0.9，而在非插电式混合动力车辆的应用中，其 SOC 的最佳使用范围相对小一些（本书取 0.5 ~ 0.7）（图 3.1），此时电池系统的内阻和开路电压随 SOC 的变化相对较小，若假设其均为常数[55]，则 $\xi(SOC, P_{batt})$ 仅与电池功率有关，而与电池 SOC 无关：

$$\dot{SOC} = \xi(SOC, P_{batt}) \approx \xi(P_{batt}) \quad (3.21)$$

可将 PMP 中的协同变量简化为常数：

$$\dot{\lambda} = -\lambda \cdot \frac{\partial \zeta}{\partial SOC} = 0 \Rightarrow \lambda = \lambda_0 \quad (3.22)$$

若在哈密顿函数中的燃油消耗率可表示为 P_{batt} 和时间的函数：

$$\dot{m}_{\mathrm{f}} = \varsigma(P_{\mathrm{batt}}, t) \tag{3.23}$$

则式（3.15）可改写为

$$H = \lambda \cdot \dot{\mathrm{SOC}} + \dot{m}_{\mathrm{f}} = \lambda \cdot \xi(P_{\mathrm{batt}}) + \varsigma(P_{\mathrm{batt}}, t) \tag{3.24}$$

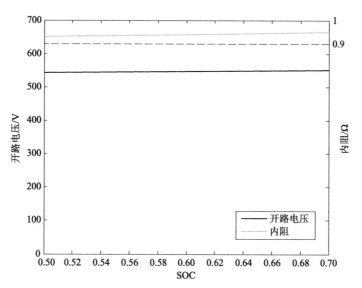

图 3.1　电池内阻、开路电压与 SOC 的关系

假设存在两个最佳协同变量 λ_1^* 和 λ_2^*（分别对应 SOC_1^* 和 SOC_2^*），同时满足所有的 PMP 必要条件和边界条件，则在 SOC_1^* 轨迹上，由式 3.15 可得到

$$H(P_{\mathrm{batt1}}^*, \lambda_1^*, t) \leqslant \underset{P_{\mathrm{batt}} \in \Omega}{H}(P_{\mathrm{batt}}, \lambda_1^*, t) \tag{3.25}$$

由于对所有可许输入式均满足，因此又有

$$H(P_{\mathrm{batt1}}^*, \lambda_1^*, t) \leqslant H(P_{\mathrm{batt2}}^*, \lambda_1^*, t) \tag{3.26}$$

$$\lambda_1^* \cdot \xi(P_{\mathrm{batt1}}^*) + \varsigma(P_{\mathrm{batt1}}^*, t) \leqslant \lambda_1^* \cdot \xi(P_{\mathrm{batt2}}^*) + \varsigma(P_{\mathrm{batt2}}^*, t)$$

同理，对 SOC_2^* 有

$$\lambda_2^* \cdot \xi(P_{\mathrm{batt2}}^*) + \varsigma(P_{\mathrm{batt2}}^*, t) \leqslant \lambda_2^* \cdot \xi(P_{\mathrm{batt1}}^*) + \varsigma(P_{\mathrm{batt1}}^*, t) \tag{3.27}$$

因此可得到

$$(\lambda_1^* - \lambda_2^*) \cdot [\xi(P_{\mathrm{batt1}}^*) - \xi(P_{\mathrm{batt2}}^*)] \leqslant 0 \tag{3.28}$$

考虑到上式可改写为

$$(\lambda_1^* - \lambda_2^*) \cdot [\dot{\mathrm{SOC}}_1^* - \dot{\mathrm{SOC}}_2^*] \leqslant 0 \tag{3.29}$$

若 $\lambda_1^* < \lambda_2^*$，则较小协同变量 λ_1^* 对应的 SOC 最优轨迹始终将位于较大协同变量

λ_2^* 对应的 SOC 最优轨迹的上方（图3.2），因此终点处的 SOC 值不同。上述分析表明，只存在一个协同变量 λ_0^* 满足所有的边界条件和最小值原理给出的必要条件。

但需要指出，即使终值 SOC 不等于 SOC_0，但由 PMP 给出的控制轨迹仍是对应终点 SOC 值处的最优轨迹，因为已不存在其他协同变量符合该终点 SOC 的边界条件。

文献［110］中指出，若哈密顿函数为非凸的，则常数协同变量对应的最优控制可能存在多条最优轨迹，但这也并不意味着存在多个最佳协同变量，而仅说明单一最佳协同变量可对应多条最优轨迹，不同的协同变量仍将导致终值不同，因此只要寻得符合边界条件和必要条件的最佳协同变量和其对应的多条最优轨迹中的一条，也即求得了控制问题的最优解。

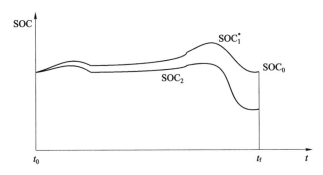

图 3.2　SOC 最优轨迹示意

最小值原理虽然可以给出最优控制的一系列必要条件，但直接用于求解混合动力车辆能量管理最优控制问题仍存在一些困难：首先需要建立准确描述系统动态特性的状态方程，且要求其为连续可微的矢量函数；本书研究对象混联式混合动力车辆通过接合不同的离合器或制动器可实现多种工作模式，它实际上是一个非线性、非连续的混杂系统，因此协同变量的最优轨迹无法显式求解，也无法直接用于工况未知的混合动力车辆能量管理实时控制。下一节将讨论基于最小值原理的一种可实时应用的混合动力车辆等效燃油消耗最小化策略。

|3.3　等效燃油消耗最小化策略|

3.3.1　燃油消耗

传统汽车的唯一功率来源是燃油消耗释放的总化学功率 P_{chem}，而燃油消耗率则定义为单位时间消耗的燃油质量[111]：

$$\dot{m}_f = \frac{P_{chem}}{Q_{LHV}} \qquad (3.30)$$

实际上，通过发动机万有特性试验可将发动机燃油消耗率表示为工作点（转速、转矩）的函数：

$$\dot{m}_f = g_E(\omega_E, T_E) \qquad (3.31)$$

由于发动机转速、转矩分别与车速和输出转矩为线性关系，所以

$$\omega_E = \rho_{E\text{-}v} \cdot \frac{V}{R_t}, \quad T_E = \frac{P_O}{\rho_{E\text{-}v}\omega_E}, \quad \eta_{trans} = \frac{P_O}{T_E\omega_E} \qquad (3.32)$$

式中，$\rho_{E\text{-}v}$ 为从发动机到车轮处的速比；$\rho_{E\text{-}v} = \rho_{trans} \cdot \rho_f$，$\rho_{trans}$ 为变速器速比；ρ_f 为主减速比；η_{trans} 为动力传动系统机械效率。

显然，对装备了变速器的传统汽车，变速器中各个挡位的速比 ρ_{trans} 和自动变速器中设计的换挡规律（手动变速器则对应于驾驶员的挡位选择）决定了车辆运行过程中的燃油经济性。因此，提升传统汽车的燃油经济性本质上对应于发动机工作点的优化，使发动机在满足系统需求前提下运行在燃油消耗更少的工作点上。

3.3.2　等效燃油消耗最小化基本概念

等效燃油消耗最小化策略（ECMS）最早是根据工程经验针对并联式混合动力车辆提出的[52]，由于车辆动力传动系统增加了电池组这一能量源，ECMS 将每一时刻的系统功率来源分为发动机工作对应的化学功率和电池使用对应的等效化学功率：

$$P_{eqv} = P_{chem} + P_{chem\_eqv}$$

$$P_{eqv} = P_{chem} + \frac{P_{batt}}{\overline{\eta}} = P_{chem} + s \cdot P_{batt} \qquad (3.33)$$

式中，$\bar{\eta}$ 代表从化学能量源（油箱）到发动机、功率分配装置、电机、电池这一完整路径的平均效率，电池不同使用状态（充电或放电）对应的效率值也不相同。

定义一个"等效因子"为

$$s = \frac{1}{\bar{\eta}} = \begin{cases} s_{\text{ch}}, & P_{\text{batt}} < 0 \\ s_{\text{dis}}, & P_{\text{batt}} > 0 \end{cases} \tag{3.34}$$

燃油低热值为 Q_{LHV}，可改写

$$\dot{m}_{\text{eqv}} = \frac{P_{\text{eqv}}}{Q_{\text{LHV}}} = \frac{P_{\text{chem}}}{Q_{\text{LHV}}} + \frac{s}{Q_{\text{LHV}}} \cdot P_{\text{batt}} = \dot{m}_{\text{f}} + \frac{s}{Q_{\text{LHV}}} P_{\text{batt}} \tag{3.35}$$

考虑到装甲车辆内部空间的强约束，动力电池组的容量极其受限，不像民用车辆中插电式混合动力汽车和增程式混合动力汽车采用比较大的电池组，因此，为保证机电复合传动系统在任意时刻都能维持正常运转，电池组的 SOC 变化范围尽可能小，ECMS 的假设可归纳为：每一工况结束时的电池 SOC 与工况起始时基本相同（保证每次车辆使用后均将电池 SOC 维持在最优值附近），某一瞬时使用（获得）的电能均对应了其后的发动机额外（节省）的一部分燃油消耗。对系统某一工作时刻，可能存在着两种状态：

（1）当前电池功率为正，处于放电状态，未来某一时刻发动机需要提供部分功率用于给电池充电，从而会额外消耗一部分燃油。

（2）当前电池功率为负，处于充电状态，未来某一时刻由电池提供部分功率用于辅助发动机工作，进而减小部分燃油消耗。

对于这两种状态，当前电池的使用（充电或放电）均对应了未来的一部分"等效"燃油消耗，因此可将这部分未来的"等效"燃油消耗添加到当前瞬时的成本函数中，从而得到瞬时等效燃油消耗：

$$\dot{m}_{\text{eqv}} = \dot{m}_{\text{f}} + \dot{m}_{\text{batt}} = \dot{m}_{\text{f}} + \frac{s}{Q_{\text{LHV}}} P_{\text{batt}} \tag{3.36}$$

其中，$\dot{m}_{\text{batt}}$ 为电能使用所对应的一部分等效燃油消耗；s 为定义的等效因子，用于将电能的消耗计入瞬时等效燃油消耗中。

需要指出，对本书研究对象这一类混合动力车辆而言，发动机仍是主要动力源，车辆最终的燃油经济性仍主要取决于行驶工况过程中的发动机工作点分布。ECMS 中"等效"的内涵主要是指当引入了另外的能量源以后，优化发动机工作点时还需满足额外的约束（如 SOC 的工况始末值应保持不变）。因此 ECMS 这一类能量管理策略在 HEV 上的应用本质上是一个发

动机工作点在多重约束下的优化问题。提升 HEV 的燃油经济性也仍然是为了使发动机在满足系统需求和约束条件的前提下运行在燃油消耗更少的工作点上。

3.3.3　等效因子

引入等效因子的目的是将上一小节中提及的额外需要满足的约束条件嵌入优化成本函数中，从而对发动机工作点进行修正，注意观察式（3.36）的形式，等效因子实际上在 ECMS 的成本函数中起到类似于一个权重因子的作用，其为 ECMS 实现过程的一个重要控制参数。

$$\dot{m}_{eqv}Q_{LHV} = \dot{m}_f Q_{LHV} + s \cdot P_{batt} \tag{3.37}$$

若定义 $\gamma = [1 + \text{sign}(P_{batt})]/2$，则可将式（3.36）的第二项表示为

$$\dot{m}_{batt} = \gamma \frac{s_{dis}}{Q_{LHV}} P_{batt} + (1-\gamma) \frac{s_{ch}}{Q_{LHV}} P_{batt} \tag{3.38}$$

标准 ECMS 将等效因子设定为常数[112]，显然对于不同的行驶工况，油箱和电池系统之间的平均效率并不相同，无法直接获得一组等效因子值（s_{ch}，s_{dis}）能使车辆在任意工况下均获得最佳的控制效果。对于某已知工况，最终车辆的性能指标（燃油消耗）可被看作等效因子的函数，进而利用优化算法求解二维优化问题，获得使该工况燃油消耗最少的最佳等效因子（s_{ch}^0，s_{dis}^0）。在文献［19］中，利用 $s^0 = \gamma s_{ch}^0 + (1-\gamma)s_{dis}^0$ 将上述二维优化问题简化为一维问题。s^0 需要利用迭代求解算法来获得，最常用的方法为打靶法（Shooting Algorithm），其具体流程如图 3.3 所示。

针对某车辆提前将一系列典型行驶工况的最优等效因子 s_0 利用上述流程图中的步骤离线计算获得，在实际应用时根据一系列特征参数识别出与实际行驶过程最接近的典型工况，进而选择对应的 s_0 值，该方法在完整工况信息提前确定的情况下可获得与 DP 所求得的最优解非常接近的效果[19, 113, 114]。

以 IM240（Inspection & Maintenance Driving Cycle）工况为例，分析不同等效因子值对控制效果的影响，仿真结果如图 3.4 所示。从结果图中观察可看出，IM240 的最佳常数等效因子为 2.47，当等效因子取为 2.46 或 2.48 时（与最佳等效因子偏差仅为 0.01），最终的 SOC 仍明显地偏离了期望值 0.6，而当等效因子取为 2.45 或 2.5 时，SOC 值已经超出了设计的 0.5 ~ 0.7 这一最佳工作范围。

在工况提前获知的前提下，通过离线计算得到的最佳等效常数因子还与初始条件（工况开始时的 SOC）有关，图 3.5 所示为起始 SOC 为 0.4 和 0.8

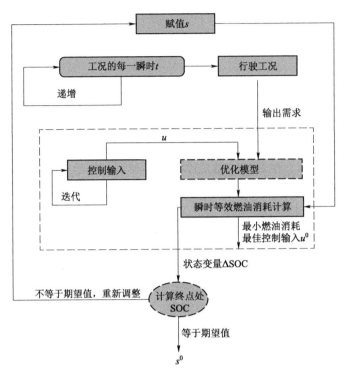

图 3.3　最佳等效因子求解流程

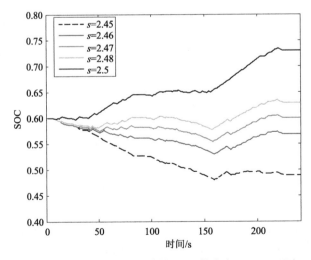

图 3.4　不同等效因子值对应的 SOC 轨迹（IM240 工况）

时的 SOC 轨迹，仍采用离线计算 $SOC(t_0)=0.6$ 获得的常数等效因子 2.47，可以看出，终点处的 SOC 既无法到达期望值（0.6），也没有回到初始值（0.4

或 0.8)。当初始 SOC 值不等于求解最佳常数等效因子采用的初始的 $\text{SOC}(t_0)$ 时，标准 ECMS 的控制效果也得不到保证。

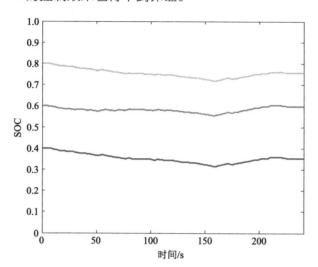

图 3.5　相同等效因子、不同初值对应的 SOC 轨迹（IM240 工况）

　　总体而言，等效燃油消耗最小化策略对于常数等效因子的取值比较敏感，每一个工况均对应了一个最佳常数等效因子，若实际行驶工况偏离了离线计算最佳常数等效因子时所使用的工况，能量管理策略即使仍可使用，但效果将会变差，甚至还可能导致电池 SOC 超出设计的工作范围。

3.3.4　ECMS 与最小值原理的关系

　　ECMS 虽然是基于工程经验提出的用于混合动力车辆能量管理控制问题的一种解决方案，但其本质上是最小值原理的一种近似实现方法。注意观察 PMP 中定义的哈密顿函数和 ECMS 中定义的等效燃油消耗

$$H = \dot{m}_{\text{f}} + \lambda \cdot \dot{\text{SOC}} = \dot{m}_{\text{f}} + \frac{-\lambda \cdot \varepsilon_{\text{batt}}(\text{SOC}, P_{\text{batt}})}{Q_{\text{batt}}} P_{\text{batt}} \tag{3.39}$$

$$\dot{m}_{\text{eqv}} = \dot{m}_{\text{f}} + \frac{s}{Q_{\text{LHV}}} P_{\text{batt}}$$

可发现二者的右侧均为发动机燃油消耗率加上一项与电功率有关的附加项，若重新定义燃油消耗等效因子为

$$s = -\lambda \cdot \varepsilon_{\text{batt}}(\text{SOC}, P_{\text{batt}}) \frac{Q_{\text{LHV}}}{Q_{\text{batt}}} \tag{3.40}$$

则可将哈密顿函数改写为

$$H = \dot{m}_f + \frac{s}{Q_{LHV}} P_{batt} \qquad (3.41)$$

由上式可以看出，燃料低热值和电池容量为常数值，电池效率通过查表可以获得，如果等效因子随着最小值原理中的协同变量 λ 时变，则等效燃油消耗最小化策略实际上是一种最小值原理在混合动力车辆能量管理应用中的实现方法。

若进一步假设电池充、放电效率为常数（平均值），则对应的等效因子最终可简化为一个常数，此时 ECMS 已经退化为最小值原理的一种近似实现：

$$\lambda \cdot \dot{SOC} \approx \frac{s}{Q_{LHV}} \cdot P_{batt} \qquad (3.42)$$

常数等效因子的近似估算可大幅简化最小值原理中协同变量的解析求解过程，在取值合适时同样能取得良好的燃油经济性。

3.4　自适应等效燃油消耗最小化策略

标准 ECMS 对等效因子值较为敏感[55, 60]，而车辆在实际行驶过程中工况不可能完全提前获得，因此设置了常数等效因子的标准 ECMS 直接用于工况未知的混合动力车辆时，其在线实时控制效果无法得到保证。

3.4.1　自适应调整方法

为了解决标准 EMCS 在实际应用时的困难，需要对等效因子进行在线自适应调整以提升控制策略的鲁棒性，尽可能保证在不同情况下均能获得较好的控制效果（图 3.6）。等效因子的自适应调整方法主要分为两类：第一类方法根据行驶工况的每一小段片段估算等效因子，并每隔一段时间更新等效因子 s，用于估算等效因子的片段可以只包括过去一段时间的工况，也可以包括一部分预测的工况。例如在文献［115］中，行驶工况被划分为城市、郊区和高速等类型，通过提前离线计算得到对应的最优等效因子值，而自适应算法则基于过去和当前的行驶信息来确定工况类型，进而在进行优化时使用恰当的等效因子。文献［24，112］中则提出了自适应等效燃油消耗最小化策略（A-ECMS），在线计算等效因子，并在一定时间间隔内进行自适应更新。

本书采用的是第二类方法，该类方法主要强调对 SOC 的控制因素，其基本思想是对 $s(t)$ 的估计根据当前 SOC 值与理想值的偏差进行调整，比如最常

用的自适应算法可定义为

$$s(t) = s_0 - k_p(SOC(t) - SOC_0) \qquad (3.43)$$

式中，s_0 是首次估计等效因子（可通过离线计算得到）；k_p 为调节系数。当 SOC 低于理想值时，增大等效因子值以抑制电池能量的进一步使用，而当 SOC 高于理想值时，减小等效因子值，从而鼓励电池能量的使用。

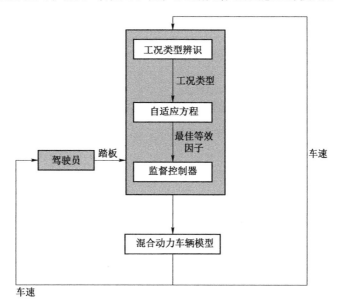

图 3.6　基于工况辨识的等效因子自适应流程

图 3.7 所示为引入自适应机制的 A-ECMS 所得的 IM240 工况下 SOC 轨迹，与图 3.5 中结果不同，即使工况初始 SOC 不等于期望值（0.6），A-ECMS 仍可以在工况结束时将 SOC 控制到期望值附近区域，显著提升了控制策略对初值条件的鲁棒性。

为了便于对比分析，仍以 IM240 工况为例，分析引入自适应计算式（3.42）中的首次估计值和调节系数的影响。从图 3.8 中可以观察到，即使初始估计值 s_0 与最佳常数等效因子值 s^* 偏差较大（偏差分别为 0.37、0.17 和 0.23），但与 3.3.2 节中的标准 ECMS 相比，当等效因子自适应计算式中引入了调节系数后，显著地提升了控制策略的鲁棒性，未再出现 SOC 超出最佳工作范围的情况。

调节参数的影响结果如图 3.9 所示，其中首次估计值 s_0 均为 2.55。由结果可观察到，对于同一起始 SOC 值，随着调节系数 k_p 的增大，整个工况过程中的 SOC 轨迹分布更趋向于期望值（0.6）附近的范围内。

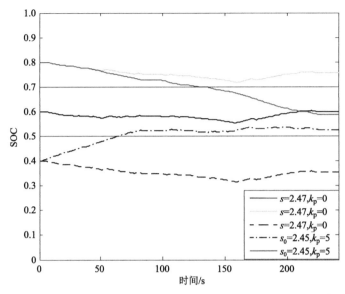

图 3.7　自适应等效因子对应的 SOC 轨迹（IM240 工况，不同 SOC 初值）

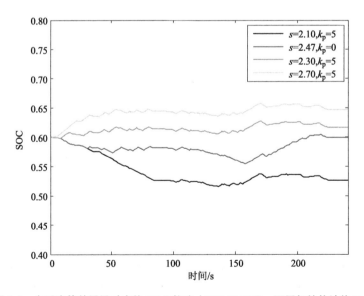

图 3.8　自适应等效因子对应的 SOC 轨迹（IM240 工况，不同初始估计值 s_0 ）

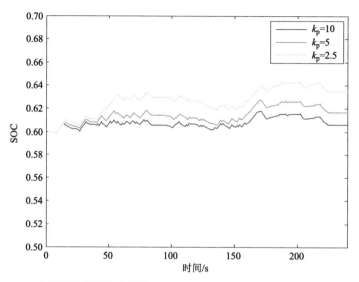

图 3.9　自适应等效因子对应的 SOC 轨迹（IM240 工况，不同调节系数 k_p）

3.4.2　双模混联式混合动力车辆自适应等效燃油最小化控制策略

3.4.2.1　目标函数

混合动力车辆模型可表示为离散形式：

$$x(k+1) - x(k) = f(x(k), u(k)) \tag{3.44}$$

在混合动力车辆瞬时优化控制问题中，基本时间步长为 1 s，选取 SOC 为状态变量，则可得到下式：

$$\mathrm{SOC}(k+1) - \mathrm{SOC}(k) = -\frac{V_{oc}(\mathrm{SOC}(k)) - \sqrt{V_{oc}^2(\mathrm{SOC}(k)) - 4R_{batt}(\mathrm{SOC}(k))P_{batt}(k)}}{2R_{batt}(\mathrm{SOC}(k)) \cdot Q_{batt}} \tag{3.45}$$

则 k 时刻的瞬时燃油经济性指标定义为：

$$L(k) = \dot{m}_{eqv}(k) = \dot{m}_f(k) + \frac{s(k)}{Q_{LHV}} P_{batt}(k) \tag{3.46}$$

最终得到混合动力车辆能量管理优化问题：

$$\{u^*(k)\} = \arg\min L(k) = \arg\min \dot{m}_{eqv}(k) \tag{3.47}$$

3.4.2.2　自适应等效因子

等效因子的自适应算式中的初始估计值取为 2.55，调节系数取为 5，如图 3.10 所示。

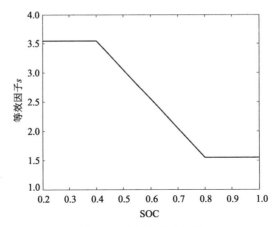

图 3.10　自适应等效因子

3.4.2.3　驾驶员需求转矩

驾驶员需求转矩是指驾驶员对混合动力车辆的输出转矩需求，包括驱动需求转矩 T_d 和制动需求转矩 T_b。在车辆行驶过程中，给定车速下的驾驶员需求转矩可表示为油门踏板（制动踏板）的函数：

$$\begin{cases} T_d = f_d(\alpha) \cdot T_{O\_max}(V), & 0 \leqslant \alpha < 1 \\ T_b = f_b(\alpha) \cdot T_{b\_max}, & -1 < \alpha < 0 \end{cases} \quad (3.48)$$

式中，$f_d(\alpha)$、$f_b(\alpha)$ 为单调增加函数，并满足

$$f_d(\alpha) \in [0,1], \quad \alpha \in [0,1], \quad f_d(0) = 0, \quad f_d(1) = 1$$
$$f_b(\alpha) \in [-1,0], \quad \alpha \in [-1,0], \quad f_b(0) = 0, \quad f_b(-1) = -1 \quad (3.49)$$

式中，T_{b_max} 为系统最大制动转矩；T_{O_max} 为最大输出转矩，其为车速的函数，部分开度与全油门开度间的输出转矩关系。本书将 f 取为线性函数，即

$$\begin{cases} T_d = \alpha \cdot T_{O\_max}(V), & 0 \leqslant \alpha \leqslant 1 \\ T_b = \alpha \cdot T_{b\_max}, & -1 < \alpha < 0 \end{cases}$$

在车辆行驶过程中，根据车速和踏板开度可计算出驾驶员对驱动或制动需求转矩，由于研究对象采用了机械制动，因此本书的能量管理优化主要针对驱动的情况。

3.4.2.4　约束

混合动力车辆瞬时优化控制策略，在每一时刻需要保证发动机转速在怠速和最大转速区间内，保证电机转速在允许范围内；此外，状态变量电池 SOC

也应限制在一定的范围内以避免过度充电或放电：

$$\begin{cases} \omega_{E\_idle} \leqslant \omega_E(k) \leqslant \omega_{E\_max} \\ \omega_{A\_min} \leqslant \omega_A(k) \leqslant \omega_{A\_max} \\ \omega_{B\_min} \leqslant \omega_B(k) \leqslant \omega_{B\_max} \\ SOC_{min} \leqslant SOC(k) \leqslant SOC_{max} \end{cases} \quad (3.50)$$

控制变量如发动机、电机的实时输出转矩也受到一定约束，发动机、电机的转速决定了其当前具备的最大输出转矩，当前 SOC 决定了电池系统的供电和充电能力；还应限制电池的最大瞬时许用功率以避免电池的损坏：

$$\begin{cases} 0 \leqslant T_E(k) \leqslant T_{E\_max}(\omega_E(k)) \\ T_{A\_min}(\omega_A(k)) \leqslant T_A(k) \leqslant T_{A\_max}(\omega_A(k)) \\ T_{B\_min}(\omega_B(k)) \leqslant T_B(k) \leqslant T_{B\_max}(\omega_B(k)) \\ P_{batt\_min}(SOC) \leqslant P_{batt}(k) \leqslant P_{batt\_max}(SOC) \end{cases} \quad (3.51)$$

双模混联式混合动力车辆动力传动系统中包含了单个或多个行星排组成的功率分配装置。将发动机、电机与分配装置中不同的元件相连，可实现不同功率源的分流与汇集，从而实现多种工作模式，因此，电机、发动机和输出端之间还需满足一定的转速、转矩等式约束关系，利用杠杆分析法可分别得到 EVT1 模式、EVT2 模式的等式约束方程。

EVT1 模式：

$$\begin{bmatrix} \omega_A \\ \omega_B \end{bmatrix} = \begin{bmatrix} \dfrac{(1+k_1)(1+k_2)}{k_1 k_2} & \dfrac{-(1+k_1+k_2)(1+k_3)}{k_1 k_2} \\ 0 & (1+k_3) \end{bmatrix} \begin{bmatrix} \omega_E \\ \omega_O \end{bmatrix}$$

$$\begin{bmatrix} T_A \\ T_B \end{bmatrix} = \begin{bmatrix} -\dfrac{k_1 k_2}{(1+k_1)(1+k_2)} & 0 \\ -\dfrac{(1+k_1+k_2)}{(1+k_1)(1+k_2)} & \dfrac{1}{(1+k_3)} \end{bmatrix} \begin{bmatrix} T_E \\ T_O \end{bmatrix} \quad (3.52)$$

EVT2 模式：

$$\begin{bmatrix} \omega_A \\ \omega_B \end{bmatrix} = \begin{bmatrix} -\dfrac{(1+k_1)}{k_2} & \dfrac{(1+k_1+k_2)}{k_2} \\ (1+k_1) & -k_1 \end{bmatrix} \begin{bmatrix} \omega_E \\ \omega_O \end{bmatrix}$$

$$\begin{bmatrix} T_A \\ T_B \end{bmatrix} = \begin{bmatrix} -\dfrac{k_1 k_2}{(1+k_1)(1+k_2)} & \dfrac{k_2}{(1+k_2)} \\ -\dfrac{(1+k_1+k_2)}{(1+k_1)(1+k_2)} & \dfrac{1}{(1+k_2)} \end{bmatrix} \begin{bmatrix} T_E \\ T_O \end{bmatrix} \quad (3.53)$$

式中，$T_O = \dfrac{T_d}{\rho_f}$，$\omega_O = \dfrac{V}{R_{tire}} \cdot \rho_f$

3.4.2.5 控制输入

在并联式 HEV 的 ECMS 应用[24, 52, 54, 113, 116]中，电机、发动机转速与输出端转速为线性关系：

$$\omega_M = \rho_{M-O} \cdot \omega_O, \quad \omega_E = \rho_{E-O} \cdot \omega_O \tag{3.54}$$

需求功率 P_O 由踏板信息给出，因此对于某一 P_{batt}，可确定出发动机、电机转矩：

$$T_E = \frac{P_O - P_{batt}}{\omega_E}, \quad T_M = \frac{P_{batt}}{\eta_{batt}^{-sign(P_{batt})} \eta_M^{-sign(P_{batt})} \omega_M} \tag{3.55}$$

进而将 ECMS 的瞬时成本函数表示为电池功率和时间的函数：

$$L(k) = \dot{m}_{eqv}(k) = \dot{m}_f(P_{batt}(k), k) + \frac{s(k)}{Q_{LHV}} P_{batt}(k) \tag{3.56}$$

因此选取 P_{batt} 作为控制输入，求得每一瞬时的最佳电池功率即可实现 ECMS 控制策略。此时 3.2.3 中分析最小值原理的全局最优条件时的假设条件 $\dot{m}_f = \varsigma(P_{batt}, t)$ 也得到了满足；同样，也可将哈密顿函数表示为电池功率和时间的函数 $H = \lambda \cdot \xi(P_{batt}) + \varsigma(P_{batt}, t)$。

对本书研究对象双模混联式混合动力车辆而言，不能直接根据车速确定发动机的转速、转矩，也不能将发动机燃油消耗直接表示为电池功率的函数。但 EVT1、EVT2 模式下的电机转速、转矩可表示为发动机转速、转矩和输出转速、转矩的线性组合，在各工作模式下每组发动机转速、转矩均对应一个电池功率：

$$P_{batt} = \omega_A T_A \eta_A^{-sign(\omega_A T_A)} + \omega_B T_B \eta_B^{-sign(\omega_B T_B)} = h^\Pi(\omega_E(t), T_E(t), t), \quad \Pi = EVT1, EVT2 \tag{3.57}$$

考虑前文中的公式，优化目标改写为：

$$g_E(\omega_E(k), T_E(k)) + \frac{s(k)}{Q_{LHV}} h^\Pi(\omega_E(k), T_E(k), k) \tag{3.58}$$

最终将发动机转速、转矩作为控制输入进行优化：

$$\{\omega_E^*(k), T_E^*(k)\} = \arg\min[g_E(\omega_E(k), T_E(k)) + \frac{s(k)}{Q_{LHV}} h(\omega_E(k), T_E(k), k)] \tag{3.59}$$

3.4.2.6 优化求解过程

（1）利用表 2.1 中内阻、开路电压与电池 SOC 的关系和电池等效模型建立起电池功率与电池荷电状态之间的关系（式 3.45）。

（2）将当前 SOC 代入等效因子自适应计算式（3.43），从而确定等效因子值。

（3）在任意车速和对应的需求转矩下，选取一个发动机转速点 ω_{E_r}（可在发动机转速工作范围内以怠速为起点，间隔 $\Delta\omega$ 进行选取，本书仿真时 $\Delta\omega$ 取为 25 r/min），通过发动机外特性可确定发动机在此转速下的最大输出转矩 $T_{\max}(\omega_{E\_r})$；同时分别利用转速方程计算出 EVT1 和 EVT2 模式下电机 A、电机 B 的对应转速 $\omega_{A\_r}^{EVT1}$、$\omega_{B\_r}^{EVT1}$，$\omega_{A\_r}^{EVT2}$、$\omega_{B\_r}^{EVT2}$。如发生任意电机超出工作转速范围的情况，则当前的发动机转速点为不可行工作点，舍去。

（4）若两个电机的转速均在工作转速范围内，则进一步确定不等式约束中各电机的最小输出转矩 $T_{A\_\min}^{EVT1}(\omega_{A\_r})$、$T_{B\_\min}^{EVT1}(\omega_{A\_r})$，$T_{A\_\min}^{EVT2}(\omega_{A\_r})$、$T_{B\_\min}^{EVT2}(\omega_{A\_r})$ 和最大输出转矩 $T_{A\_\max}^{EVT1}(\omega_{A\_r})$、$T_{B\_\max}^{EVT1}(\omega_{B\_r})$，$T_{A\_\max}^{EVT2}(\omega_{A\_r})$、$T_{B\_\max}^{EVT2}(\omega_{B\_r})$。

（5）对（4）中求得的可行发动机转速点 ω_{E_r}，在该转速下对应的发动机最大输出转矩 $T_{E\_\max}(\omega_{E\_r})$ 下迭代优化，对每一可行发动机转矩点 T_{E_q}（本书仿真时油门间隔均取为 2%），利用需求转矩和转矩方程（3.52，3.53）计算出各工作模式下电机 A、电机 B 的对应转矩 $T_{A\_q}^{EVT1}$、$T_{B\_q}^{EVT1}$，$T_{A\_q}^{EVT2}$、$T_{B\_q}^{EVT2}$；若两个电机的转矩均在（4）中确定的电机输出转矩范围内，则进一步验证（2）中的瞬时最大电池许用功率条件，若不满足，则舍去，若满足，可得到一组可行工作点：$(\omega_{E\_r}^{EVT1}, T_{E\_q}^{EVT1})$、$(\omega_{A\_r}^{EVT1}, T_{A\_q}^{EVT1})$、$(\omega_{B\_r}^{EVT1}, T_{B\_q}^{EVT1})$，或 $(\omega_{E\_r}^{EVT2}, T_{E\_q}^{EVT2})$、$(\omega_{A\_r}^{EVT2}, T_{A\_q}^{EVT2})$、$(\omega_{B\_r}^{EVT2}, T_{B\_q}^{EVT2})$。

（6）重新选取另一个发动机转速值，重复（3）～（5）的步骤，针对当前车速、需求转矩和 SOC 可得到可行工作点的集合，根据定义式对集合内所有元素计算等效燃油消耗。

（7）在（6）中把等效燃油消耗中最小的一组工作点 $[\omega_E^*(k), T_E^*(k)]$ 作为系统的最优工作点，那么它对应的模式为当前最佳模式。

A–ECMS 的计算流程和架构示意分别如图 3.11 和图 3.12 所示。

3.4.2.7　仿真结果

本书的仿真对象为双模混联式混合动力车辆。仿真时假设驾驶员踏板始终能跟随上车辆需求，从而可从工况信息中获得输出转矩和车速。选取了美国标准城市工况 UDDS（Urban Dynamometer Driving Schedule）以及用于重型车辆的 UDDSHDV（Urban Dynamometer Driving Schedule, Heavy Duty Vehicle）工况作为典型仿真工况，并针对本书研究对象特点进行了修正（由于研究对象最高车速限制在 90 km/h，因此将美国工况中的英里①每小时单位替换为千米每小时，在保持工况特征不变的情况下将车速进行了缩放），进

①　1 英里=1 609.344 米。

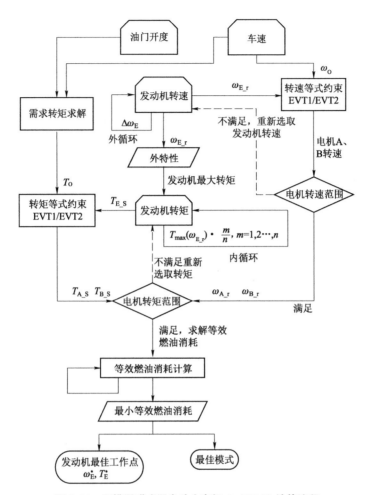

图 3.11 双模混联式混合动力车辆 A–ECMS 计算流程

而分析采用了提出的自适应等效燃油消耗最小化控制策略（A–ECMS）的混合动力车辆在行驶过程中的电池 SOC 变化和燃油经济性。

混合动力车辆的电池 SOC、工作模式以及发动机、电机 A 和电机 B 的转速、转矩分别如图 3.13 和图 3.14 所示。

UDDS 工况的时长为 1 370 s，该工况的平均车速为 19.577 7 km/h，总里程为 7.45 km。在整个工况过程中，电池 SOC 轨线变化曲线比较平缓并且始终保持在期望值（0.6）附近。工况结束时 SOC 值为 0.599 2，变化率为 −0.13%，满足了非插电式混合动力车辆的电量保持要求。由转速、转矩图则可以看出，车辆的主要动力来源仍为发动机，电机主要是通过协同配合实现发动机与车轮的解耦。

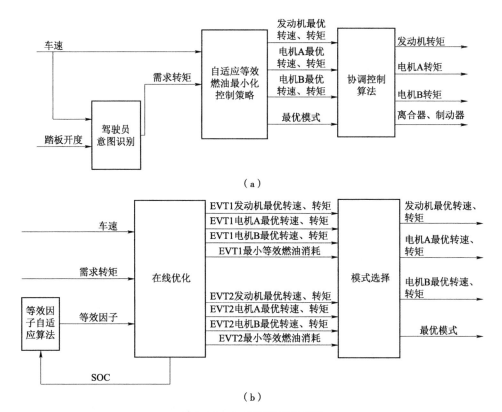

（a）

（b）

图 3.12 A-ECMS 架构示意

（a）双模混联式混合动力车辆综合控制架构；（b）最小等效燃油消耗优化层

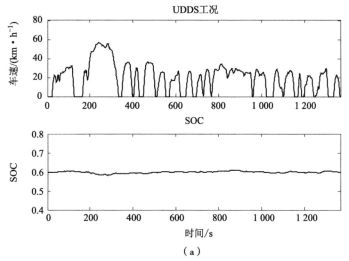

（a）

图 3.13 UDDS 工况、SOC、工作模式及发动机、电机转速、转矩

（a）UDDS 工况、SOC 和工作模式

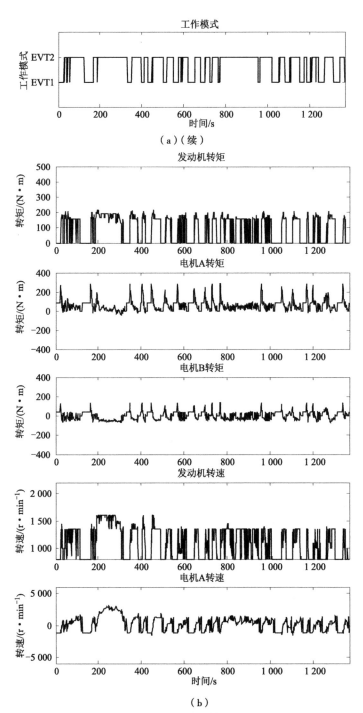

图 3.13　UDDS 工况、SOC、工作模式及发动机、电机转速、转矩（续）

（a）UDDS 工况、SOC 和工作模式；（b）UDDS 工况下的发动机、电机转速、转矩

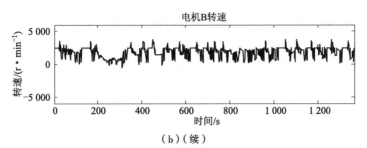

（b）（续）

图 3.13 UDDS 工况、SOC、工作模式及发动机、电机转速、转矩（续）

（b）UDDS 工况下的发动机、电机转速、转矩

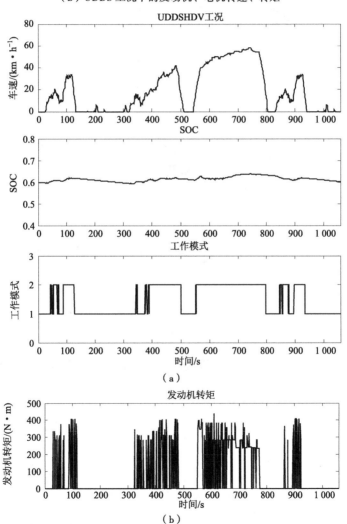

图 3.14 UDDSHDV 工况、SOC、工作模式及发动机、电机转速、转矩

（a）UDDSHDV 工况、SOC 和工作模式；（b）UDDSHDV 工况下的发动机、电机转速、转矩

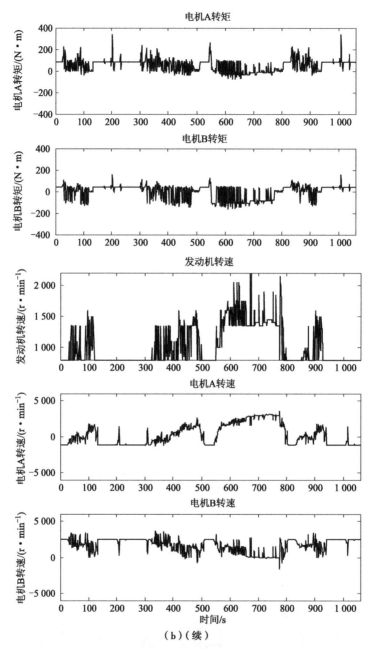

（b）（续）

图 3.14　UDDSHDV 工况、SOC、工作模式及发动机、电机转速、转矩（续）
（b）UDDSHDV 工况下的发动机、电机转速、转矩

　　UDDSHDV 工况的时长为 1 060 s，该工况的平均车速为 18.838 1 km/h，
总里程为 5.55 km，相比 UDDS 工况，电池 SOC 轨线的波动更大一些，但仍

保持在期望值（0.6）附近，工况结束时 SOC 值为 0.601 5，变化率为 0.25%。注意观察 UDDSHDV 工况的 200 s 附近和 300 s 附近，此时输出功率需求非常小，可由电机系统单独输出功率。

表 3.1 为自适应等效燃油消耗最小化策略（A–ECMS）在 UDDS 和 UDDSHDV 工况下的始末 SOC 值与燃油消耗率数据仿真结果。此外，利用电池 SOC 定义还可求得等效总燃油消耗量，并将工况的总燃油消耗量折合为百公里油耗一并列入表中：

$$m_\text{f} = \frac{[\text{SOC}(t_\text{f}) - \text{SOC}(t_0)] \cdot Q_\text{batt} \cdot \bar{U}_\text{oc}}{Q_\text{LHV}} + \sum_{t_0}^{t_\text{f}} \dot{m}_\text{f}(k) \qquad （3.60）$$

表 3.1　A–ECMS 的燃油消耗和 SOC 值

项目	初始 SOC	终点 SOC	油耗 / [L·(100 km)$^{-1}$]	等效总油耗 / [L·(100 km)$^{-1}$]
UDDS	0.600 0	0.599 2	16.383 9	16.401 3
UDDSHDV	0.600 0	0.601 5	17.043 4	17.005 1

3.5　能源效率最优化策略

3.5.1　混联式混合动力车辆的能源效率

由于非插电式混合动力车辆在使用过程中的能量最终均来源于石油化学燃料，此时系统最终能量来源仍为化学燃料（石油），故系统的实时能源效率可定义为动力总成系统的输出功率与燃油消耗对应的化学功率之间的比值：

$$\eta_0 = \frac{P_\text{O}}{P_\text{chem}} \qquad （3.61）$$

式中，$P_\text{chem} = \dot{m}_\text{f} \cdot Q_\text{LHV}$。

混合动力技术的本质目标是提升车辆从燃油箱到车轮处（tank to wheel）的能源效率，因此本节中将能源效率定义设定为性能指标。

ECMS 最初是针对并联式混合动力车辆提出的，在 ECMS 中，通过定义一个等效因子来表征每一瞬时的等效化学消耗 $\dot{m}_\text{eqv}$，将上式改写为

$$\eta_0 = \frac{P_O}{\dot{m}_{eqv} \cdot Q_{LHV}} = \frac{P_O}{\dot{m}_f + \dfrac{s}{Q_{LHV}} P_{batt}} \tag{3.62}$$

式中，分母修正为 $\tilde{P}_{chem}$（$\tilde{P}_{chem} = \dot{m}_{eqv} \cdot Q_{LHV}$），并通过最小化分母达到能源效率最大化，ECMS 未选择直接将能源效率作为优化目标的原因是由于当电池功率为负值时，分母可能出现接近 0 的情形，效率此时变为无穷大，可能在优化算法实现时遇到困难。由于并联式混合车辆只配备了一个电机，在发动机和电机共同工作的混合模式下，电池系统或者存储电能或者输出功率，电池 SOC 在整个行驶工况除了发动机单独驱动模式下，其余时间均处于振荡过程。并联式混合车辆的能量管理策略一般是根据预设的性能指标先求解车辆行驶过程的 SOC 最优轨迹，再进一步选取各最优控制输入量去实现该最优轨迹。

针对混联式混合动力车辆而言，相关文献的试验结果[117]表明，混联式混合动力车辆的两个电机主要用于实现发动机转速与车速的解耦，从而调节发动机工作区域，电池系统只在纯电动行驶以及电能回收制动能量时产生较大的充、放电功率，其余时间电池充、放电功率均非常小，因此可近似认为各 EVT 模式下工作时 SOC 保持不变，本节提出的基于能源效率的混联式混合动力车辆能量管理策略（Energy Efficiency Maximize Strategy，EEMS）无须寻找最优 SOC 轨迹，在满足车辆需求和约束下直接优化求得使实时能源效率值最高的发动机工作点。

由发动机热效率定义[111]可得

$$\eta_E = \frac{P_E}{\dot{m}_f \cdot Q_{LHV}} \tag{3.63}$$

注意到，与并联式构型相比，混联式构型中由行星齿轮组成的功率分配装置更为复杂，功率分配装置的效率与发动机、电机的工作状态有关，对能量管理策略的效果有一定的影响，本节中设计控制策略时考虑功率分配装置效率，将其定义为输出端功率与发动机输入端功率的比值：

$$\eta_{trans} = \frac{P_O}{P_E} \tag{3.64}$$

最终将能源效率表示为功率分配机构效率与发动机效率的乘积：

$$\eta_0 = \frac{P_O}{P_E} \cdot \frac{P_E}{P_{chem}} = \eta_{trans} \cdot \eta_E \tag{3.65}$$

3.5.2　能源效率最优化策略

3.5.2.1　优化目标

混联式混合动力车辆实时能量效率优化目标为在每一瞬时给出最优控制量（发动机转速、转矩），在满足瞬时需求功率的前提下，使得功率分配机构效率与发动机效率乘积（能源效率）最大：

$$\{\omega_E^*(k), T_E^*(k)\} = \arg\max \eta_0(k) = \arg\max \eta_{\text{trans}}(k)\eta_E(k) \quad (3.66)$$

3.5.2.2　约束

系统的不等式约束仍为发电机、电机的转速、转矩等部件物理约束：

$$\begin{cases} \omega_{E\_idle} \leqslant \omega_E(k) \leqslant \omega_{E\_max} \\ \omega_{A\_min} \leqslant \omega_A(k) \leqslant \omega_{A\_max} \\ \omega_{B\_min} \leqslant \omega_B(k) \leqslant \omega_{B\_max} \\ 0 \leqslant T_E(k) \leqslant T_{E\_max}(\omega_E(k)) \\ T_{A\_min}(\omega_A(k)) \leqslant T_A(k) \leqslant T_{A\_max}(\omega_A(k)) \\ T_{B\_min}(\omega_B(k)) \leqslant T_B(k) \leqslant T_{B\_max}(\omega_B(k)) \end{cases} \quad (3.67)$$

转速、转矩等式约束方程与前文中的一致，但需增加电池功率平衡约束条件：

$$P_{\text{batt}}(k) = 0$$

3.5.2.3　优化求解过程

（1）根据解析出的需求转矩（考虑了等效机械效率）和当前车速，对速比 ρ 进行优化：利用不同速比 ρ_r 求得发动机转速 ω_{E_r}，利用发动机外特性求出发动机最大输出转矩 T_{E_rmax}，再由 EVT1 和 EVT2 的转速等式约束求解获得电机 A、B 的转速 ω_{A_r}，ω_{B_r}，验证电机转速不等式约束条件，排除不可行工作点。

（2）在满足（1）后，继续利用速比 ρ_r 从功率分配装置效率中反求出两个模式分别对应的发动机转矩 $T_{E\_r}^{\text{EVT1}}$，$T_{E\_r}^{\text{EVT2}}$（$P_{E\_r} = P_O / \eta_{\text{trans}}$，$T_{E\_r} = P_O / \omega_{E\_r}$），验证发动机转矩约束条件（$T_{E\_r} \leqslant T_{E\_max}$），若不满足直接舍去，若满足则进一步查表获得发动机油耗 $\dot{m}_{f\_r}(\omega_{E\_r}, T_{E\_r})$，进而利用式（3.62）和式（3.63）求出发动机效率 η_{E_r}，同时利用转矩等式约束关系式 3.52 和式 3.53 求得对应的电机 A、B 转矩 $T_{A\_r}^{\text{EVT1}}$，$T_{B\_r}^{\text{EVT2}}$，$T_{A\_r}^{\text{EVT2}}$，$T_{B\_r}^{\text{EVT2}}$，验证电机转矩约束关系式（$T_{A\_r} \leqslant T_{A\_rmax}$，$T_{B\_r} \leqslant T_{B\_rmax}$）和电池功率平衡约束关系式（$|P_{\text{batt}}(k)| \leqslant \delta_{\text{batt}}$，$\delta_{\text{batt}}$ 为数值计算时

（选取的一个接近于 0 的电池功率阈值），继续排除不可行工作点。

（3）将剩余可行工作点对应的功率分配装置效率和发动机效率相乘后获得该速比下系统实时能源效率。

（4）对不同速比重复以上步骤迭代优化，分别得到 EVT1 和 EVT2 的系统实时最大能量效率，效率高者即为最优模式。

（5）当前最优模式下的最佳能量效率所对应的发动机转速、转矩即为最优工作点。

EEMS 的计算流程和控制架构分别如图 3.15 和图 3.16 所示。

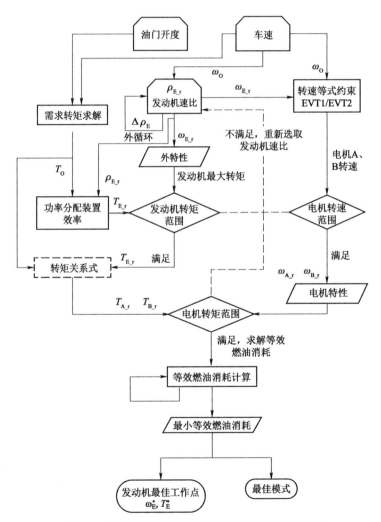

图 3.15 双模混联式混合动力车辆 EEMS 的计算流程

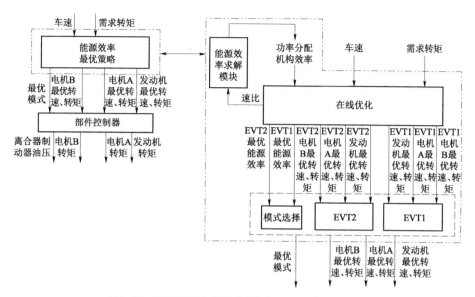

图 3.16　双模混联式混合动力车辆 EEMS 的控制架构

3.5.2.4　仿真结果

本节的仿真对象为双模混联式混合动力车辆，仍选取 UDDS 工况以及 UDDSHDV 工况进行仿真以分析所提出的能源效率最优化策略（EEMS）的电池 SOC 变化和燃油经济性。电池 SOC，工作模式以及发动机，电机 A、B 的转速、转矩如图 3.17 和图 3.18 所示。

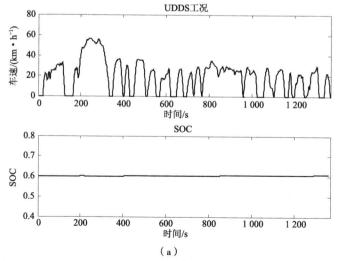

（a）

图 3.17　UDDS 工况、SOC、工作模式及发动机、电机转速、转矩

（a）UDDS 工况、SOC 和工作模式

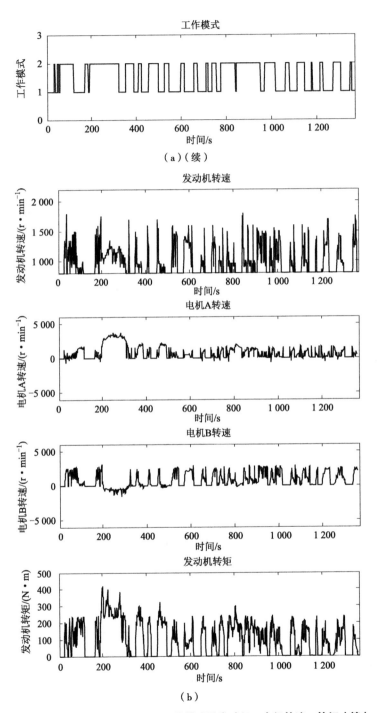

图 3.17　UDDS 工况、SOC、工作模式及发动机、电机转速、转矩（续）

（a）UDDS 工况、SOC 和工作模式；（b）UDDS 工况下的发动机、电机转速、转矩

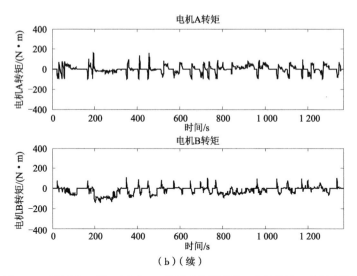

（b）（续）

图 3.17　UDDS 工况、SOC、工作模式及发动机、电机转速、转矩（续）

（b）UDDS 工况下的发动机、电机转速、转矩

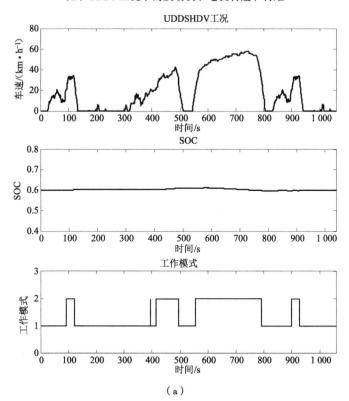

（a）

图 3.18　UDDSHDV 工况、SOC、工作模式及发动机、电机转速、转矩

（a）UDDSHDV 工况、SOC 和工作模式

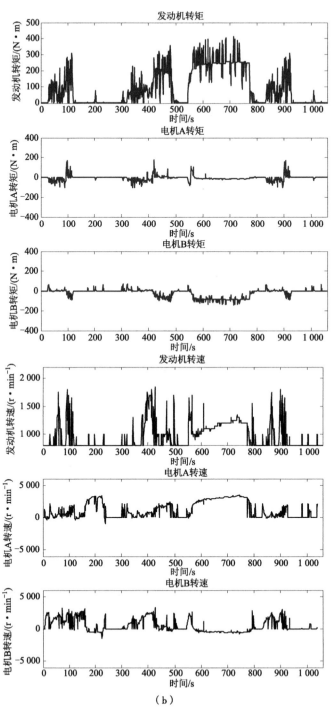

（b）

图 3.18　UDDSHDV 工况、SOC、工作模式及发动机、电机转速、转矩（续）

（b）UDDSHDV 工况下的发动机、电机转速、转矩

在 UDDS 工况下，电池 SOC 轨线始终保持在期望值 0.6 附近（工况结束时 SOC 值为 0.608 5，变化率为 1.4%）；在 UDDSHDV 工况下，电池 SOC 轨线有一些波动，但仍保持在期望值 0.6 附近（工况结束时 SOC 值为 0.601 5，变化率为 0.25%）。采用能源效率最优化策略时，系统功率基本上全部由发动机提供，即使在 UDDSHDV 工况的 200 s 附近和 300 s 附近输出功率需求非常小时，发动机仍需要提供功率。

表 3.2 为能源效率最优化策略在 UDDS 和 UDDSHDV 工况下的始末 SOC 值与燃油消耗结果。

表 3.2　EEMS 的 SOC 值和燃油消耗

项目	初始 SOC	终点 SOC	燃油消耗 / [L·(100 km)$^{-1}$]	等效总燃油消耗 / [L·(100 km)$^{-1}$]
UDDS	0.600 0	0.608 5	16.811 3	16.623 4
UDDSHDV	0.600 0	0.601 5	18.075 0	18.034 4

3.6　能源效率最优化策略与自适应等效燃油消耗最小化策略的对比

3.6.1　优化效率

优化效率直接决定了能量管理策略的在线应用能力，因此本节进一步分析比较本章所提出的能量管理策略的优化计算效率。

由于双模混联式混合动力车辆的发动机转速与车速解耦，为了获得所有的发动机可行工作点，自适应等效燃油消耗最小化策略 A-ECMS 应用时需要分别在 EVT1 和 EVT2 模式下对各发动机转速下的各个可行转矩进行优化计算，再进一步验算对应的转速、转矩关系以及电池许用功率等约束条件，最终在满足所有约束条件的可行发动机工作点中选取发动机最优工作点。

对于混联式的能源效率最优化算法（EEMS），虽然仍需要对发动机转速进行优化，但在选定了每一离散转速点后，可利用功率分配装置效率分析结果直接查表获得发动机转矩，然后进一步进行约束条件的验算，不再需要进行转矩离散优化，因此 EEMS 优化效率要高于 A-ECMS。

在台式计算机上（处理器 Intel i5-2400，主频 3.10 GHz，内存 4 GB）分别采用 A-ECMS 和 EEMS 对 UDDS 工况进行仿真，发动机油门间隔选为 1%（离散转矩点），仿真用时分别约为 985 s 和 79 s。EEMS 的计算效率相比 A-ECMS 提升了 12 倍以上。

3.6.2 系统工作特性与燃油消耗

以 UDDS 工况为例对比分析能源效率最优化策略（EEMS）与自适应等效燃油消耗最小化策略（A-ECMS）的工作特性和燃油经济性。电池 SOC，工作模式以及发动机，电机 A、B 的转速、转矩分别如图 3.19 和图 3.20 所示。

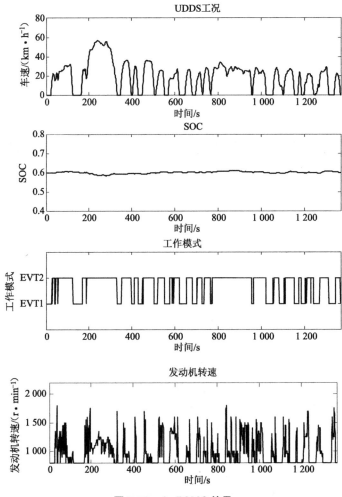

图 3.19　A-ECMS 结果

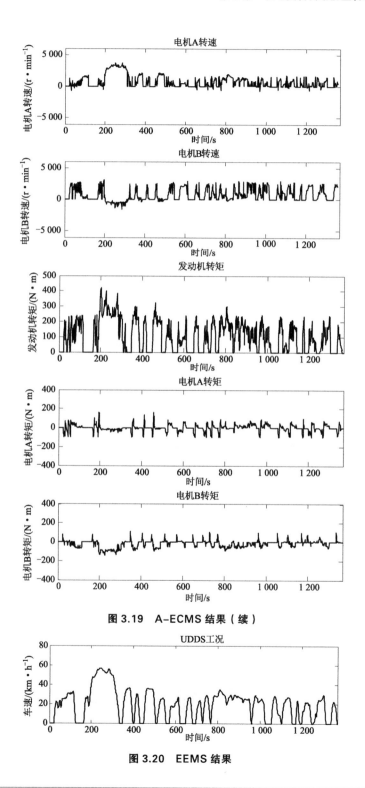

图 3.19　A-ECMS 结果（续）

图 3.20　EEMS 结果

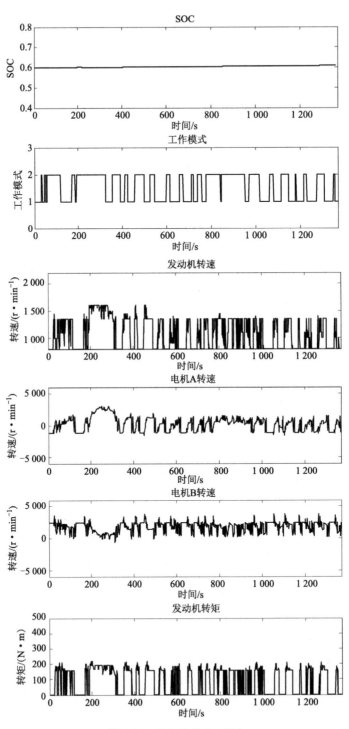

图 3.20　EEMS 结果（续）

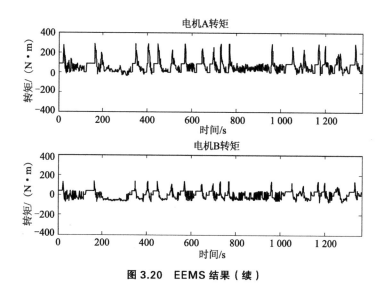

图 3.20　EEMS 结果（续）

由图中可以看出，在 EEMS 仿真结果中，由于增加了电池功率平衡条件，电池 SOC 几乎保持不变，由发动机提供系统所需的全部功率，发动机转速趋向于在 1 400 ~ 1 600 r/min 工作，发动机转矩随着需求功率的变化而变化；而在 A-ECMS 仿真结果中，电池系统可以参与辅助工作或充电（输出功率或吸收功率），因此 SOC 在小范围内波动，发动机转速、转矩均随着需求功率变化而变化。

EEMS 由于限制了电池系统的辅助功能，实际上牺牲了一部分燃油经济性能发挥的潜力，由表 3.3 中的燃油消耗结果也可看出，在 UDDS 工况下动态规划（DP）算法获得的最佳燃油消耗为 15.682 5 L/（100 km），而 A-ECMS 算法为 16.401 3 L/（100 km），比 DP 多消耗了 4.58% 的燃油，EEMS 油耗则为 16.623 4 L/（100 km），需要比 DP 多消耗约 6% 的燃油，相比 A-ECMS 多消耗了约 1.4% 的燃油。

表 3.3　UDDS 工况下的算法对比

项目	初始 SOC	终点 SOC	燃油消耗 / [L·(100 km)$^{-1}$]	等效总燃油消耗 / [L·(100 km)$^{-1}$]
EEMS	0.600 0	0.608 5	16.811 3	16.623 4
A-ECMS	0.600 0	0.599 2	16.383 9	16.401 3
DP	0.600 0	0.600 0	15.682 5	15.682 5

|3.7　本　章　小　结|

本章提出了适用于混联式混合动力车辆的以等效燃油消耗最小为优化目标的自适应等效燃油消耗最小化能量管理策略和以系统能源效率最大为优化目标的能源效率最优化能量管理策略。主要包括：

（1）依据等效燃油消耗最小的算法原理，结合机电复合传动特点，合理确定能量管理最优控制问题的状态变量、控制输入量及目标函数，采用动态优化方法求解了混联式混合动力车辆在典型工况下以燃油经济性为目标的最优控制问题。

（2）通过增加电池功率平衡条件，将优化目标系统能源效率转化为功率分配机构效率与发动机热效率的乘积，提出的能源效率最优化策略 EEMS 用于优化求解 UDDS 工况下的最优控制律时，在保证燃油经济性的前提下（比 A-ECMS 多消耗 1.4%），其计算机仿真时间仅约为等效燃油消耗最小化策略的 1/12，可大幅提高混联式混合动力车辆的优化效率，保证了算法的实时应用潜力。

第 4 章

机电复合传动效率模型验证与
能量管理策略试验研究

4.1 试验目的和内容

4.1.1 试验目的

本章进行试验的主要目的是验证本书第 2 章提出的功率分配装置效率模型和第 3 章提出的能量管理策略的在线应用可行性。

4.1.2 试验内容

试验的具体内容包括：

（1）机电复合传动系统的功率分配装置效率试验与能源效率试验。

（2）机电复合传动能量管理策略试验，包括自适应等效燃油消耗最小化策略（A-ECMS）、能源效率最优化能量管理策略（EEMS）。

4.2 试 验 平 台

机电复合传动系统试验平台由动力输入系统、可控加载的负载系统、电机及其控制器、功率分配装置（行星耦合机构）及其试验包箱、高精度多通道数据采集系统、实时仿真系统、快速原型控制系统、电池组、润滑供油系统、高精度转速/转矩传感器等设备组成，如图 4.1 所示。其中，功率分配机构包括两个行星排 K1 排和 K2 排以及模拟 K3 排制动器接合时的等效传动比的齿轮副。功率分配机构的连接端与发动机和电机 A、B 相连，两侧的输出轴则与测功机相连。

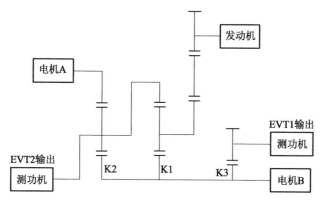

图 4.1　试验台架构型

试验台架采用的是基于 CAN 总线的分布式控制系统，其主要模块包括综合控制器、发动机控制器、电机控制器、数据采集系统、动力电池管理系统等，如图 4.2 所示。各控制器模块则通过 CAN 总线实现数据的交换，各部件控制器分别采集各控制对象的信号与状态参数，通过 CAN 总线传送至综合控制器。综合控制器则根据部件控制器发送的信息，通过控制策略的运算来进行信号流和能量流的处理和分配，并通过 CAN 总线向各部件控制器发送控制命令。

综合控制器选用的是 Rapid ECU 快速原型控制器，如图 4.3 所示，其主处理器型号为 MPC5674F，主频 264 MHz；有 4 路 CAN 接口，通信协议采用了 CAN2.0B 接口，遵循国际标准 ISO11898。该综合控制器通过自动代码生成技术，可将仿真阶段所形成的控制算法模型下载到快速原型控制器硬件中，并连接实际被控对象，进行能量管理算法的硬件在环仿真与台架试验验证。

发动机控制器和电机控制器实物如图 4.4 和图 4.5 所示。

数据采集与处理平台实物如图 4.6 所示。

台架现场如图 4.7 所示。

试验台控制系统主要部件参数见表 4.1。

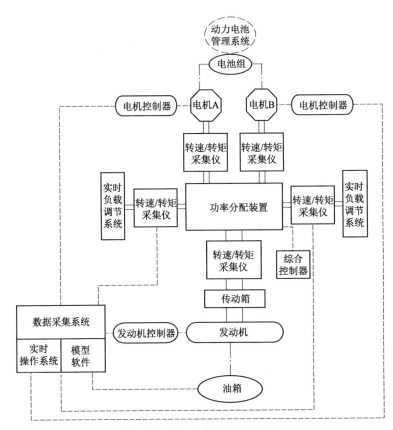

图 4.2　分布式试验台控制系统

图 4.3　快速原型集成控制器
Rapid ECU 实物

图 4.4　发动机控制器实物

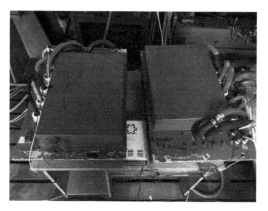

图 4.5　电机控制器实物

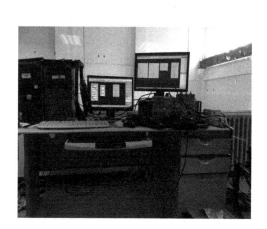

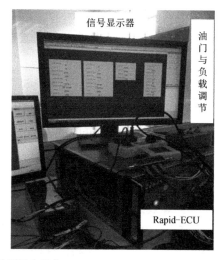

图 4.6　数据采集与处理平台实物

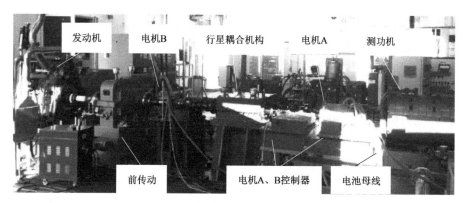

图 4.7　台架现场

表 4.1　试验台控制系统主要部件参数

项目	参数
发动机	DEUTZ BF04M1013FC 柴油发动机 最大功率 120 kW，额定转速 2 300 r/min
电机	峰值转矩 400 N·m，额定功率 60 kW 基速 2 600 r/min，峰值功率 110 kW
电池	三元聚合物锂电池 额定容量 36 Ah

| 4.3　能量管理策略台架试验 |

4.3.1　自适应等效燃油消耗最小化（A-ECMS）试验

4.3.1.1　在线应用的简化

由对自适应等效燃油消耗最小化的优化效率分析可知，其在线实时应用的优化计算量较大，因此为了将 A-ECMS 用于台架试验，我们进行了相应处理：等效因子自适应计算式与前文中一致（初始估计值 2.55，调节系数取值为 5）；由于试验台架中未安装离合器等操纵元件，因此试验过程均工作在 EVT2 模式；此外，还将优化时发动机的转速间隔由 25 r/min 增大到 50 r/min，油门间隔（对应转矩间隔）由 2% 增大为 5%，进一步减少优化计算次数，以适应实时应用需求。

4.3.1.2　试验结果与分析

在台架试验中，利用油门调节装置给出油门信号，由对应的等效车速、需求转矩利用 A-ECMS 进行优化，获得发动机最佳工作点，将相应的转速、转矩信号作为控制目标由综合控制器发送到各部件控制器进行控制，试验结果如图 4.8 所示。

通过仔细观察可知，实际过程的电池 SOC 在理想值 0.60 附近的一个小区间范围内波动；由于发动机旋转惯量较大，发动机转速变化相比转矩变化要慢一些；电池功率随着车速的变化而在正、负 10 kW 范围内波动并且平均值接近

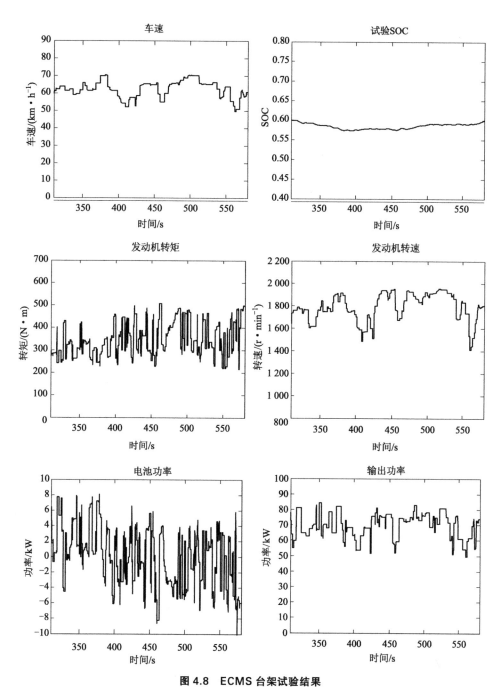

图 4.8　ECMS 台架试验结果

于 0。A–ECMS 的试验工况的等效行驶里程为 4.678 7 km，共消耗了 0.909 1 L 燃油，最终的油耗为 19.428 5 L/（100 km）。提取出试验中的输出端转速信号并进行数据处理后得到车速，将该车速信息作为已知工况用于 A-ECMS 仿真，仿真结果的总燃油消耗为 0.877 7 L，折算成百公里油耗为 18.759 5 L，与试验结果相比，仿真结果中的燃油消耗要少 3.44%。燃油经济性对比见表 4.2。

表 4.2　燃油经济性对比

项目	总燃油消耗 /L	行驶里程 /km	百公里油耗 /L
ECMS 试验	0.909 1	4.678 7	19.428 5
ECMS 仿真	0.877 7	4.678 7	18.759 5

4.3.2　能源效率最优化策略（EEMS）试验

在 EEMS 台架试验中，同样给出油门信号，确定对应车速、需求转矩并作为能量管理策略的输入，利用 EEMS 优化获得发动机最优转速、转矩，将其和对应电机转速、转矩一同作为控制目标由综合控制器发送到各部件控制器，试验结果如图 4.9 所示。

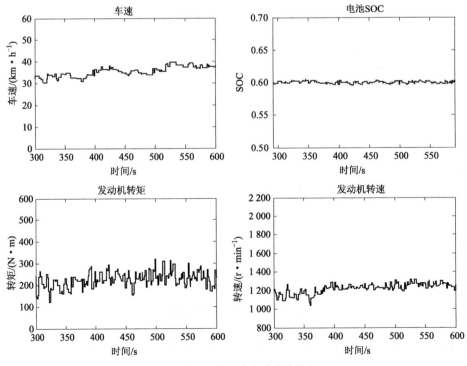

图 4.9　EEMS 台架试验结果

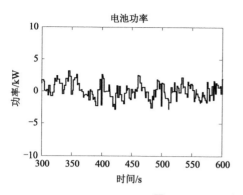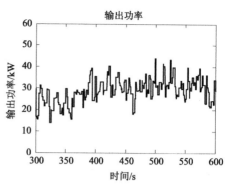

图 4.9　EEMS 台架试验结果（续）

由结果可以看出，SOC 在 0.60 附近的一个很小范围内波动，在 EEMS 试验结果中，电池功率虽然明显小于 A-ECMS，但并不为 0，这主要是因为在第 2 章中的功率分配装置效率模式中，将效率简化为一个速比的函数，而忽略了电机转速、转矩对效率的影响，将电机效率简化为平均效率，但在实际工作过程中，电机的实际效率偏离了预设的平均效率覆盖区域，从而导致电池功率偏差（充电或放电）：

$$\Delta P_{\text{batt}} = T_A \omega_A \eta_A^{-\text{sign}(T_A \omega_A)} + T_B \omega_B \eta_B^{-\text{sign}(T_B \omega_B)} - T_A \omega_A \overline{\eta}_A^{-\text{sign}(T_A \omega_A)} - T_B \omega_B \overline{\eta}_B^{-\text{sign}(T_B \omega_B)}$$

即使增加了功率平衡方程，在局部范围内仍可能发生 SOC 的小幅度变化，因此 EEMS 中设定的电机平均工作效率可认为是控制算法中的一个调节参数，如果设定的平均效率与整个工况下的电机平均效率较为接近，则仍可在工况结束时将 SOC 维持在初始值附近，这种局部的偏离并不会显著地影响 EEMS 的控制效果。EEMS 试验工况的等效行驶里程为 2.954 3 km，一共消耗了 0.579 5 L 燃油，最终的百公里油耗为 19.615 5 L。仍将转速信号提取处理为工况信息用于 EEMS 仿真，仿真结果中燃油消耗为 0.572 6 L，终值 SOC 为 0.601 2，利用上文公式计算得到总燃油消耗为 0.552 8 L，折合到百公里油耗为 18.711 7 L，与试验结果相比要少 4.61%。燃油经济性对比见表 4.3。

表 4.3　燃油经济性

项目	总燃油消耗 /L	等效行驶里程 /km	百公里油耗 /L
EEMS 试验	0.579 5	2.954 3	19.615 5
EEMS 仿真	0.552 8	2.954 3	18.711 7

综上，当工作模式确定后，A-ECMS 和 EEMS 可实时应用于混联式 HEV 上，两种策略均能在满足输出需求的同时，将电池 SOC 维持在 [0.5, 0.7] 这一合理范围内。

|4.4 功率分配装置效率试验|

分别采用 EEMS 和 ECMS 控制策略，通过调节油门和测功机负载，使得动力传动系统运行在某个稳态工作点，然后采集各传感器信号，获得此时发动机、电机的转速、转矩值，利用速比从功率分配装置效率模型求出功率分配装置效率值，将模型中求得的效率值与试验结果的效率值进行比较验证。

4.4.1 效率试验（EEMS）

图 4.10 为 EEMS 试验结果，将 290 ~ 300 s 的参数平均值视作系统的一个稳态工作点，数据处理后可得到输出端的功率为 44.749 3 kW，而发动机输入系统的功率为 53.298 4 kW，电池功率很小（0.180 2 kW），可不考虑。功率分配装置效率试验结果为 $\eta_{trans} = 44.749\,3/53.298\,4 = 0.839\,6$。此时输入端与输出端的速比为 0.932 6（试验台架的功率分配装置输入端与发动机还有速比为 0.56 的增速箱，因此输入端的转速等于发动机转速除以该速比），利用试验中的速比可求得效率值约为 0.828 0，与试验结果误差为 1.38%。发动机热效率由万有特性得到 0.318 6，模型能源效率值为 $\eta_0 = 0.828\,0 \times 0.318\,6 = 0.263\,8$，实际能源效率值为 $\eta_0 = \eta_{trans}\eta_E = 0.839\,6 \times 0.318\,6 = 0.267\,5$。

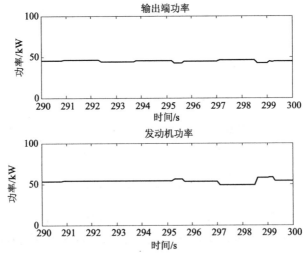

图 4.10 EEMS 效率验证试验结果

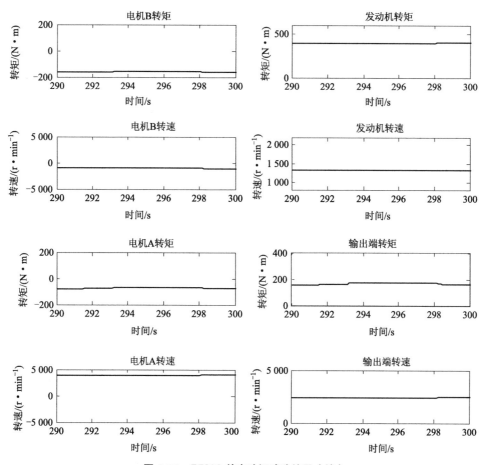

图 4.10　EEMS 效率验证试验结果（续）

4.4.2　效率试验（ECMS）

图 4.11 所示为 ECMS 对应的效率试验结果，系统输入输出速比为 1.195 3，由功率分配机构效率模型插值可得效率值为 0.816 9。而由试验数据进行处理后可得到输出端的功率为 34.168 8 kW，而发动机输入功率为 47.038 1 kW，此时发动机效率由发动机万有特性求得 0.386 9，电池组功率为 −3.734 5 kW，处于充电状态，此时不应忽略电功率的影响，需要对能源效率进行修正，在 ECMS 中等效燃油消耗定义为

$$\dot{m}_{\mathrm{eqv}} = \dot{m}_{\mathrm{f}} + \frac{s}{Q_{\mathrm{LHV}}} P_{\mathrm{batt}}$$

因此有

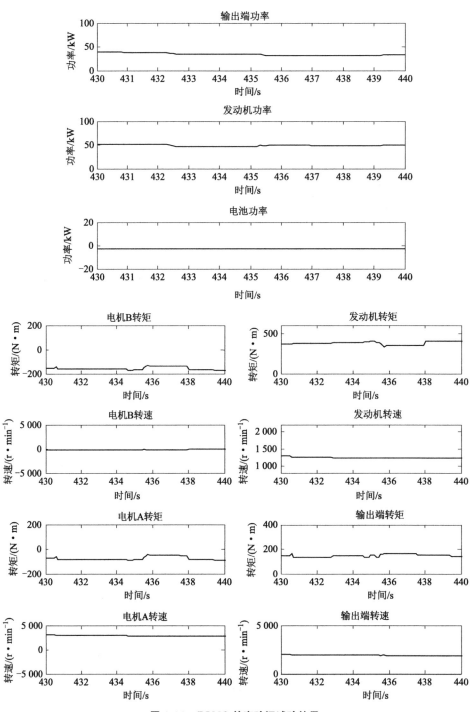

图 4.11　ECMS 效率验证试验结果

$$P_{eqv} = \dot{m}_{eqv} \cdot Q_{LHV} = \dot{m}_f \cdot Q_{LHV} + s \cdot P_{batt} = \frac{P_E}{\eta_E} + s \cdot P_{batt}$$

将系统输入功率重新定义为

$$\tilde{P}_{in} = P_{eqv} = P_{chem} + s \cdot P_{batt}$$

最终将能源效率修正为

$$\tilde{\eta}_0 = \frac{P_O}{\tilde{P}_{in}} = \frac{P_O}{P_{chem} + s \cdot P_{batt}}$$

当车辆需求功率一定的情况下，等效燃油消耗越少，能源效率就越高，ECMS 算法实际上也是对能源效率进行优化，而本书之前提出的效率模型则对应于电池功率接近于 0 的特殊情况：

$$P_{batt}=0 \Rightarrow \tilde{\eta}_0 = \eta_0 = \eta_{trans} \cdot \eta_E = \frac{P_O}{P_E} \cdot \frac{P_E}{P_{chem}}$$

进行效率试验时等效因子设置为定值 2.55，因此等效输入化学功率可修正为

$$\tilde{P}_{in} = \frac{47.038\,1}{0.386\,9} - 3.734\,5 \times 2.55 = 112.053\,9(\text{kW})$$

从而获得最终的实际能源效率值为

$$\tilde{\eta}_0 = \frac{P_O}{\tilde{P}_{in}} = \frac{34.168\,8}{112.053\,9} = 0.304\,9$$

而本书提出的能源效率模型计算结果为

$$\eta_0 = \eta_{trans} \cdot \eta_E = 0.816\,9 \times 0.386\,9 = 0.316\,1$$

此时的等效机械功率分配装置效率为

$$\frac{P_O}{\tilde{P}_{in} \cdot \eta_E} = \frac{34.168\,8}{112.053\,9 \times 0.386\,9} = 0.788\,1$$

前文中的效率模型给出的功率分配装置效率值为 0.816 9，误差为 3.65%。

　　综合以上的分析，本书第 2 章中提出的功率分配装置效率模型能够较好地映射实际过程的效率，在其基础上进一步提出的能源效率模型所求得的效率值与 ECMS 和 EEMS 两种控制策略中定义的能源效率值也较符合。

|4.5　本　章　小　结|

本章首先介绍了机电复合传动系统台架试验目的和试验内容，并搭建混联式混合动力车辆动力传动系统试验台，进行了台架试验研究。控制策略台架试验验证了自适应等效燃油消耗最小化 A-ECMS 和能源效率最优化 EEMS 的在线应用可行性；稳态工况试验验证了功率分配装置效率模型和能源效率模型。

能量管理策略台架试验结果的燃油消耗分别比 A-ECMS 和 EEMS 的离线仿真结果高出了 3.44% 和 4.61%，但 A-ECMS 和 EEMS 均在满足输出需求的同时，将 SOC 维持在了理想范围内。因此，在工作模式确定后，A-ECMS 和 EEMS 这两种能量管理策略均可实现在线应用。

在稳态工况试验结果中，本文提出的功率分配装置效率模型应用于 EEMS 时与实际效率的误差为 1.38%，应用于 ECMS 时与实际效率的误差为 3.65%。总体而言，本文提出的功率分配装置效率模型和能源效率模型具有良好的精度。

第 5 章

机电复合传动换段规律研究

| 5.1　机电复合传动性能指标分析 |

5.1.1　车辆的动力性分析

5.1.1.1　传统汽车的动力性

　　动力性是车辆非常重要的一个因素，但当前针对车辆动力性并没有统一的严格定义，对于传统汽车而言，最高车速、爬坡能力和加速能力是最常使用的三个指标[111]。

　　最高车速可通过驱动力平衡图求得，分别画出不同车速 v 对应的车轮处驱动力 F_d，以及车辆在平直路面以 v 匀速行驶时的负载力 F_{load} 曲线，两条曲线交点处对应的 v_{max} 即为平直路面的最高行驶车速。若将车辆行驶时动力总成实际需要的驱动转矩 T_{load} 与动力总成所具备的最大驱动转矩 $T_{d,max}$ 的差值定义为后备驱动转矩 $T_{d,ex}$，则有

$$F_d = T_d / R_t = T_O \cdot \rho_f / R_t \tag{5.1}$$

式中，R_t 为轮胎等效半径；T_O 为动力总成输出转矩；ρ_f 为主减速比。

$$F_{load} = F_g + F_f + F_{acc} + F_{aero} \tag{5.2}$$

式中，F_g 为坡道阻力；F_f 为轮胎滚动阻力；F_{acc} 为车辆加速阻力；F_{aero} 为空气

阻力。

传统汽车驱动力平衡示意如图 5.1 所示。

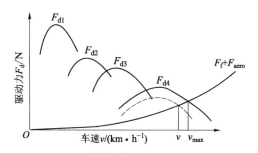

图 5.1　传统汽车驱动力平衡示意

爬坡能力为满载时在动力总成提供的最大驱动力条件下车辆以一定速度所能够爬上的最大坡度。对于车速为 v 的匀速工况，后备驱动转矩所能克服的最大爬坡角 $\alpha_{\max,v}$，即对应了该车速下的车辆最大爬坡能力。

$$\sin\alpha_{\max,v} = \frac{T_{d,ex}\rho_f}{MgR_t} \qquad (5.3)$$

从式（5.3）中可以看出，最大爬坡度的正弦值与后备驱动转矩成正比关系。

加速能力一般由最大加速度来表征，不考虑传动系统转动惯量的影响，可得到车速为 v 时的车辆最大加速度：

$$a_{\max,v} = \frac{T_{d,ex}\rho_f}{MR_t} \qquad (5.4)$$

从式（5.4）中可以看出，最大爬坡度的正弦值也与后备驱动转矩成正比关系。

5.1.1.2　双模混联式混合动力车辆的动力性评价指标

双模混联式混合动力车辆的整车动力性与传统汽车并无本质区别，但是其动力总成系统（发动机、电动机和功率分配装置）的工作特性与传统汽车有较大区别，传统汽车可以采用静态的方法作驱动力平衡图，对动力总成系统在不同挡位下的动力性指标逐一进行校核，但双模混联式混合动力车辆机电传动模式的连续无级可变特性和电池系统许用功率的动态约束均增加了动力性分析的复杂度，所以需要采用动态优化的方法进行分析。

由之前的分析可知，最高车速、爬坡能力和加速能力均与混合动力车辆动力传动系统的后备驱动转矩有关。在其他车辆参数已确定的条件下，由后备驱动转矩的定义可知，在不同车速下动力总成系统的最大输出驱动转矩越大，其动力性越好，因此本书将双模混联式混合动力车辆的最大输出转矩作为动力性指标。

5.1.2 燃油经济性分析

5.1.2.1 传统汽车燃油经济性

传统内燃机汽车的燃油经济性主要以燃油消耗率来表征，里程燃油消耗量的常用单位为英里每加仑[①]（mile/gal）或升每百公里[L/（100 km）]，可通过工况测试得到；另一种表示为瞬时燃油消耗率 $\dot{m}_f$，单位为升每小时（L/h）或克每秒（g/s）。发动机的燃油消耗率定义为输出一定的功率所消耗的燃油量，常用单位为克每千瓦时[g/（kW·h）]。有级变速器的速比和主减速比等参数以及设计的换挡规律均影响到燃油消耗率。

5.1.2.2 基于等效燃油消耗率的混合动力车辆燃油经济性

本书的研究对象是非插电式混联式混合动力车辆，其并不具备从电网进行外部充电的功能，实际的电池能量仍来自发动机消耗的石油燃料。混合动力车辆里程燃油消耗量的确定依赖于驾驶工况，针对某个工况设计的一个良好的全局最优能量管理策略可保证电池 SOC 在工况始末基本保持一致，则该行驶工况对应的燃油经济性可由消耗的燃油量来表征。里程燃油消耗量适用于工况已知的离线全局优化能量管理策略设计。

瞬时燃油消耗率常用于在线瞬时优化能量管理策略设计。与传统内燃机汽车不同，混合动力车辆具备多个能量源（发动机、电池），在工作时输出的机械功率可能同时来自发动机功率和电池提供的电功率转化成的一部分机械功率。由瞬时等效燃油消耗率定义：

$$\dot{m}_{eqv} = \dot{m}_f(k) + s(k)/Q_{LHV} \cdot P_{batt}(k) \tag{5.5}$$

此时燃油经济性可由瞬时等效燃油消耗率来评价。

5.1.2.3 双模混联式混合动力车辆的燃油经济性评价指标

由于本书的主要研究内容模式切换规则将基于瞬时能量管理优化算法设计，而模式选择实际上是在每一瞬时所作出的一种决策（切换模式或保持在当前模式），因此本节将瞬时等效燃油消耗率作为双模混联式混合动力车辆燃油经济性评价指标：

$$\dot{m}_{eqv} = \begin{cases} \dot{m}_f(k) + s(k)/Q_{LHV} \cdot P_{batt}(k), & P_{batt}(k) \neq 0 \\ \dot{m}_f(k), & P_{batt}(k) = 0 \end{cases} \tag{5.6}$$

---

① 1加仑（英）=4.546 09升。

5.2　机电复合传动动力性换段规律研究

5.2.1　动力性优化目标

对双模混联式混合动力车辆而言，动力性模式切换规则的目标为：在车辆的全部工作车速范围内，选择当前最佳模式使得前述中提出的最大输出转矩这一动力性指标始终最优，即保证系统始终处于具有最大输出转矩的工作模式。

动力性模式切换规则设计问题的本质是一个复杂约束下的优化问题：在不同车速下，在约束下优化求解出各个工作模式的最大输出转矩，并将具有较大值的模式作为当前最佳动力性模式。

双模混联式混合动力车辆动力性模式切换规则设计优化问题为

$$\forall V \in \tilde{V}, \quad T_{\mathrm{O\_max}}(\boldsymbol{u}^*(k), \mathrm{MODE}^*(k)) \geqslant \underset{\mathrm{MODE} \in \theta}{T_{\mathrm{O\_max}}}(\boldsymbol{u}^*(k), \mathrm{MODE}(k))$$

式中，$\tilde{V}$ 为车速范围；MODE 为工作模式；$\boldsymbol{u}^*$ 为对应模式下的发动机最优工作点。

5.2.2　约束

5.2.2.1　等式约束

由于发动机、电机分别与功率分配装置的不同元件相连，因此在不同工作模式下，发动机、电机的转速、转矩也需满足对应的系统转速、转矩平衡方程。

EVT1 模式：

$$\begin{bmatrix} \omega_{\mathrm{A}} \\ \omega_{\mathrm{B}} \end{bmatrix} = \begin{bmatrix} \dfrac{(1+k_1)(1+k_2)}{k_1 k_2} & \dfrac{-(1+k_1+k_2)(1+k_3)}{k_1 k_2} \\ 0 & (1+k_3) \end{bmatrix} \begin{bmatrix} \omega_{\mathrm{E}} \\ \omega_{\mathrm{O}} \end{bmatrix}$$

$$\begin{bmatrix} T_{\mathrm{A}} \\ T_{\mathrm{B}} \end{bmatrix} = \begin{bmatrix} -\dfrac{k_1 k_2}{(1+k_1)(1+k_2)} & 0 \\ -\dfrac{(1+k_1+k_2)}{(1+k_1)(1+k_2)} & \dfrac{1}{(1+k_3)} \end{bmatrix} \begin{bmatrix} T_{\mathrm{E}} \\ T_{\mathrm{O}} \end{bmatrix}$$

（5.7）

EVT2 模式：

$$\begin{bmatrix} \omega_A \\ \omega_B \end{bmatrix} = \begin{bmatrix} -\dfrac{(1+k_1)}{k_2} & \dfrac{(1+k_1+k_2)}{k_2} \\ (1+k_1) & -k_1 \end{bmatrix} \begin{bmatrix} \omega_E \\ \omega_O \end{bmatrix}$$

$$\begin{bmatrix} T_A \\ T_B \end{bmatrix} = \begin{bmatrix} -\dfrac{k_1 k_2}{(1+k_1)(1+k_2)} & \dfrac{k_2}{(1+k_2)} \\ -\dfrac{(1+k_1+k_2)}{(1+k_1)(1+k_2)} & \dfrac{1}{(1+k_2)} \end{bmatrix} \begin{bmatrix} T_E \\ T_O \end{bmatrix}$$
（5.8）

5.2.2.2 不等式约束

发动机和两个电机的工作转速均由其本身的物理特性限制在一定的范围内，发动机转速必须保持在怠速到最大转速区间内，电机则工作在最低转速和最高转速之间；发动机与电机的外特性也限制了其分别在各工作转速下的输出转矩许用范围；此外还应限制电池的最大瞬时许用功率，各不等式约束方程可总结如下：

$$\begin{cases} \omega_{E\_idle} \leqslant \omega_E \leqslant \omega_{E\_max} \\ \omega_{A\_min} \leqslant \omega_A \leqslant \omega_{A\_max} \\ \omega_{B\_min} \leqslant \omega_B \leqslant \omega_{B\_max} \\ T_{E\_min}(\omega_E) \leqslant T_E \leqslant T_{E\_max}(\omega_E) \\ T_{A\_min}(\omega_A) \leqslant T_A \leqslant T_{A\_max}(\omega_A) \\ T_{B\_min}(\omega_B) \leqslant T_B \leqslant T_{B\_max}(\omega_B) \\ P_{batt\_min} \leqslant P_{batt} \leqslant P_{batt\_max} \end{cases}$$
（5.9）

5.2.3 优化计算流程

动力性模式规则的优化设计过程：

（1）根据车辆运行状态（SOC 或车辆用电需求等）确定此时电池许用功率。

（2）对车速 V，选取一个发动机转速值 ω_{E_r}，通过发动机外特性可确定发动机在此转速下的最大输出转矩 $T_{max}(\omega_{E\_r})$，同时利用等式约束中的转速方程分别计算出 EVT1 和 EVT2 模式下电机 A、电机 B 的对应转速 $\omega_{A\_r}^{EVT1}$、$\omega_{B\_r}^{EVT1}$，$\omega_{A\_r}^{EVT2}$、$\omega_{B\_r}^{EVT2}$。如发生任意电机超出工作转速范围的情况，则当前的发动机转速为不可行工作点，舍去；若两个电机的转速均在工作转速范围内，则进一步确定不等式约束中各电机的最小输出转矩 $T_{A\_min}^{EVT1}(\omega_{A\_r})$、$T_{B\_min}^{EVT1}(\omega_{A\_r})$，$T_{A\_min}^{EVT2}(\omega_{A\_r})$、$T_{B\_min}^{EVT2}(\omega_{A\_r})$ 和最大输出转矩 $T_{A\_max}^{EVT1}(\omega_{A\_r})$、$T_{B\_max}^{EVT1}(\omega_{B\_r})$，$T_{A\_max}^{EVT2}(\omega_{A\_r})$、$T_{B\_max}^{EVT2}(\omega_{B\_r})$。

（3）在（2）中确定的电机 A、B 的转矩工作范围内迭代优化，分别对每一组转矩值（$T_{A\_s}^{EVT1}$，$T_{B\_t}^{EVT1}$）、（$T_{A\_s}^{EVT2}$，$T_{B\_t}^{EVT2}$），通过等式约束验算发动机转矩是否在允许范围内，不满足的工作点舍去，对可行工作点则进一步验证两个电机的瞬时功率，最终得到全部满足所有约束的可行工作点，由等式约束中的输出转矩计算式得到所有可行工作点对应的输出转矩，其中的最大值即转速为 ω_{E_r} 时的系统最大输出转矩，而该组工作点对应的模式为 ω_{E_r} 下的最佳动力性模式。

（4）在发动机转速工作范围内以怠速为起点，间隔 $\Delta\omega$ 进行选取，重复（2）、（3），最终得到车速 V 下的全部可行工作点对应的最大输出转矩，通过比较选取具备最大值的模式为 ω_{E_r} 下的最佳动力性模式。

（5）重复（2）～（4），在混合动力车辆全部车速范围内迭代优化，最终得到全部车速范围内的各个模式的最大输出转矩，在某车速下具有更大输出转矩的模式为最佳动力性模式。

动力性模式规则优化设计流程如图 5.2 所示。

5.2.4　动力性模式切换规则优化结果与分析

图 5.3 所示为电池功率为 30 kW 时的最大输出转矩，由 EVT1 的转速等式约束式可知此模式下电机 B 转速与车速成线性关系，而当车速达到 48 km/h 时，电机 B 的转速已达到其允许的最大工作转速 6 000 r/min，因此 EVT1 模式只能在车速低于 48 km/h 以下时使用。EVT1 模式在车速较低时可以输出较大的转矩，从图中可以观察到一个明显的最大输出转矩峰值区，但在车速高于峰值区最大车速（约为 17 km/h）后最大输出转矩开始下降。EVT2 模式则可以工作在 0 ～ 90 km/h（最高车速）范围内，其在低速段（0 ～ 17 km/h）的最大输出转矩远小于 EVT1 模式时的最大输出转矩，但会随着车速的进一步上升而增大，直至超过 EVT1 模式的最大输出转矩（与 EVT1 模式的最大输出转矩曲线相交点处车速约为 30 km/h），此后 EVT2 模式的最大输出转矩大于 EVT1 模式。由动力性模式切换规则的定义可知，交点处的车速即为动力性模式切换点。

进一步分析电池许用功率对动力性切换点的影响，对于这一类约束优化问题，最优解在边界处取得，当系统输出最大转矩时即对应了最大电池许用功率，因此电池功率为 0 kW 和 −30 kW 时的最大输出转矩如图 5.4 和图 5.5 所示。由图中可以看出，EVT1 模式和 EVT2 模式的最大输出转矩曲线随车速的变化趋势基本保持一致，但随着许用电池功率的减小，EVT1 的最大输出转矩峰值区域变窄，与 EVT2 的最大输出转矩交点处车速变小，电池功率为 0 kW 时交点车速约为 28 km/h，而 −30 kW 时则约为 26 km/h，此时动力性模式切换点相比于电池具有更大许用功率的情况下有所提前。

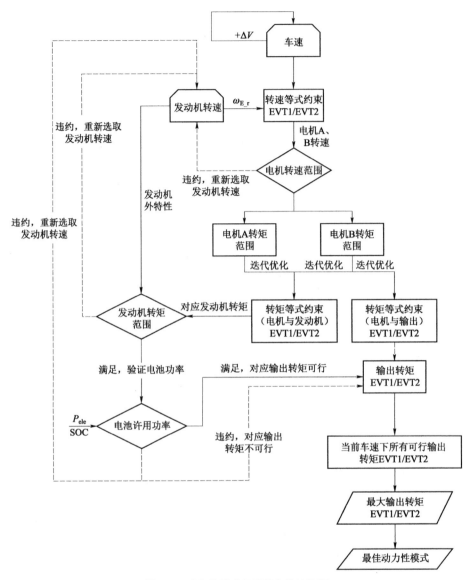

图 5.2　动力性模式规则优化设计流程

　　如图 5.6 所示，在 [−50 kW，50 kW] 范围内作出不同电池许用充（放）电功率对应的 EVT1 模式最大输出转矩和 EVT2 模式最大输出转矩。将两个输出转矩曲面在空间的交线投影至车速和电池许用功率的二维平面上，最终得到了图 5.7 所示的以车速和电池许用功率为控制参数的混合动力车辆动力性模式切换规则。在低速区最佳动力性为 EVT1 模式，电池功率为 −50 kW 时动力性切换车速约为 23 km/h，该车速随着电池许用功率的增大而升高；当电池功率为 50 kW 时约为 32 km/h。

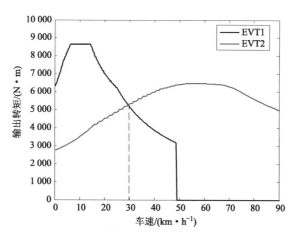

图 5.3　电池功率为 30 kW 的最大输出转矩

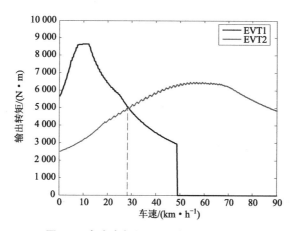

图 5.4　电池功率为 0 kW 的最大输出转矩

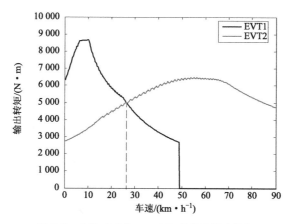

图 5.5　电池功率为 −30 kW 的最大输出转矩

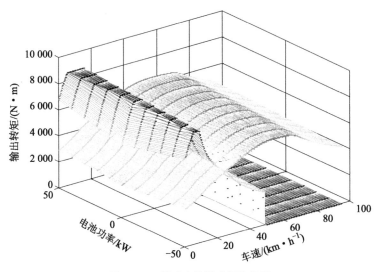

图 5.6　三维动力性模式切换规则

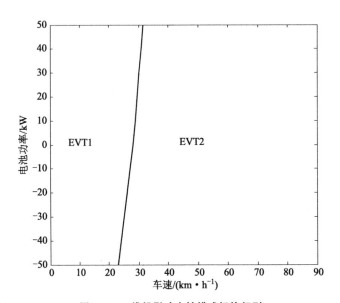

图 5.7　二维投影动力性模式切换规则

5.3　机电复合传动经济性换段规律研究

5.3.1　经济性优化目标

对双模混联式混合动力车辆而言，其经济性模式切换规则的目标为：在满足驾驶员转矩需求的前提下，保证系统始终处于具有最佳燃油经济性的工作模式，从而提高燃油经济性。

本节将第 3 章中提出的等效燃油消耗最小化策略 ECMS 作为模式切换规则设计的优化工具进行最佳经济性模式的设计。与动力性模式切换规则类似，经济性模式切换规则设计问题的本质仍是求解一个复杂约束下的优化问题：以等效燃油消耗为优化成本函数，对混合动力车辆的不同车速和不同需求输出转矩，在约束下优化求解出各个工作模式（EVT1、EVT2）对应的最小等效燃油消耗，将具有最小值的模式作为该车速和需求转矩对应的最佳经济性模式。

双模混联式混合动力车辆经济性模式切换规则设计优化问题为：

$$\forall V \in \tilde{V}, \forall \alpha \in [0,1], \quad \dot{m}_{eqv}(u^*(k), \text{MODE}^*(k), k) \leqslant \underset{\text{MODE} \in \Theta}{\dot{m}_{eqv}} (u^*(k), \text{MODE}(k), k)$$

其中，$\tilde{V}$ 为车速范围；MODE 为工作模式；u^* 为对应工作模式下的最优控制输入（发动机转速、转矩）。

5.3.2　约束

5.3.2.1　等式约束

与动力性模式的等式约束类似，经济性模式下发动机、电机和输出端的转速、转矩仍需满足转速、转矩平衡方程式。

在经济性模式下，还需根据油门踏板信息在给定车速下满足驾驶员的需求转矩：

$$T_d = f(\alpha) \cdot T_{max}, \quad 0 \leqslant \theta(k) \leqslant 1$$

从而将转矩平衡方程式中的输出转矩替换为 $T_O = T_d / \rho_f$，ρ_f 为主减速比，详细过程和函数形式请参见前文中的驾驶员需求转矩分析内容。

5.3.2.2 不等式约束

发动机和两个电机的工作转速均由其本身的物理特性限制在一定的范围内，发动机转速必须保持在怠速到最大转速区间内，电机则工作在最低转速和最高转速之间；发动机与电机的外特性也限制了其分别在各工作转速下的输出转矩许用范围；此外，还应限制电池的最大瞬时许用功率。各不等式约束方程同式（5.9）。

5.3.3 优化计算流程

（1）在给定车速 V_j 和油门开度 α_j 的情况下，计算驾驶员需求转矩。

（2）选取一个发动机转速值 ω_{E_r}（可在发动机转速工作范围内以怠速为起点，间隔 $\Delta\omega$ 进行选取），通过外特性确定发动机在此转速下的最大输出转矩 $T_{max}(\omega_{E\_r})$；同时分别利用转速方程计算出 EVT1 和 EVT2 模式下电机 A、电机 B 的对应转速 $\omega_{A\_r}^{EVT1}$、$\omega_{B\_r}^{EVT1}$，$\omega_{A\_r}^{EVT2}$、$\omega_{B\_r}^{EVT2}$，如发生任意电机超出工作转速范围的情况，则当前的发动机转速为不可行工作点，舍去；若两个电机的转速均在工作转速范围内，则进一步确定不等式约束中各电机最小输出转矩 $T_{A\_min}^{EVT1}(\omega_{A\_r})$、$T_{B\_min}^{EVT1}(\omega_{B\_r})$，$T_{A\_min}^{EVT2}(\omega_{A\_r})$、$T_{B\_min}^{EVT2}(\omega_{A\_r})$ 和最大输出转矩 $T_{A\_max}^{EVT1}(\omega_{A\_r})$、$T_{B\_max}^{EVT1}(\omega_{B\_r})$，$T_{A\_max}^{EVT2}(\omega_{A\_r})$、$T_{B\_max}^{EVT2}(\omega_{B\_r})$。

（3）对（2）中的可行发动机转速 ω_{E_r}，在该转速下对应的发动机最大输出转矩 $T_{E\_max}(\omega_{E\_r})$ 下进行迭代优化，对每一可用发动机转矩值 T_{E_q}，利用需求转矩和转矩等式约束式计算出各工作模式下电机 A、电机 B 的对应转矩 $T_{A\_q}^{EVT1}$、$T_{B\_q}^{EVT1}$，$T_{A\_q}^{EVT2}$、$T_{B\_q}^{EVT2}$。若两个电机的转矩均在（2）中确定的电机输出转矩范围内，则进一步验证瞬时最大电池许用功率条件，若不满足，则舍去；若满足，可得到一组可行工作点：$(\omega_{E\_r}^{EVT1}, T_{E\_q}^{EVT1})$、$(\omega_{A\_r}^{EVT1}, T_{A\_q}^{EVT1})$、$(\omega_{B\_r}^{EVT1}, T_{B\_q}^{EVT1})$ 或 $(\omega_{E\_r}^{EVT2}, T_{E\_q}^{EVT2})$、$(\omega_{A\_r}^{EVT2}, T_{A\_q}^{EVT2})$、$(\omega_{B\_r}^{EVT2}, T_{B\_q}^{EVT2})$。

（4）重新选取另一个发动机转速值，重复（2）~（3）的步骤，针对当前车速、需求转矩得到可行工作点的集合，根据定义式对集合内的所有元素计算等效燃油消耗 $\dot{m}_{eqv}$，使 $\dot{m}_{eqv}$ 最小的一组工作点即为最优经济性工作点，而对应模式为当前最佳经济性模式。

（5）在 0 ~ 48 km/h 车速范围内，油门踏板开度为 0 ~ 1，迭代优化，重复（1）~（4），将各个最优经济性模式集成后最终得到经济性模式切换规则。

5.3.4　经济性换段规律优化结果与分析

5.3.4.1　常数等效因子模式切换规则

图 5.8 所示是采用常数等效因子为 2.62 时的经济性模式切换规则，"*"对应 EVT1 模式，"⊙"对应 EVT2 模式，混合动力车辆的模式切换控制参数是车速和需求转矩。根据分析可知，在车速高于 48 km/h 后只能选择 EVT2 模式，因此本节只作出了低于 48 km/h 的切换规则。从结果中可以看出，经济性模式的分布呈现出一定的不规律性，但总体来看，在车速低于 20 km/h 时 EVT1 为最佳燃油经济性模式，在车速高于 20 km/h 后系统的最佳燃油经济性模式则需要根据车速和需求转矩来确定，EVT2 作为经济性模式的出现次数随车速的升高逐渐增多，而当车速超过 35 km/h 后，EVT2 为最佳燃油经济性模式。

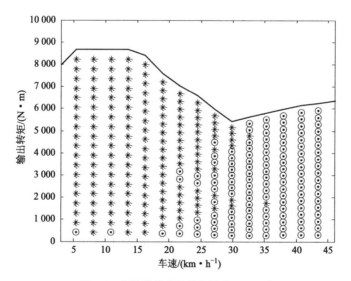

图 5.8　经济性模式切换规则（ s=2.62 ）

5.3.4.2　不同等效因子值的影响

图 5.9 所示分别为不同等效因子时的经济性模式切换规则，等效因子逐渐增大。从结果中可以看出，随着等效因子的增大，EVT2 模式在低速区域的分布逐渐增多；而随着等效因子的减小，EVT1 作为最优经济性模式逐渐往高速区域扩展。

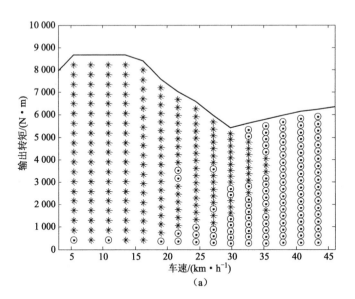

（a）

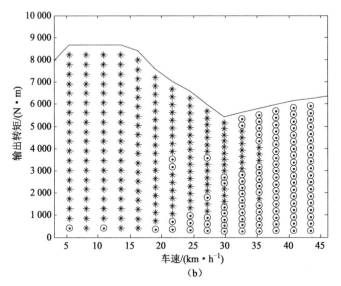

（b）

图 5.9　不同等效因子时的经济性模式切换规则

（a）$s=2.05$；（b）$s=2.35$

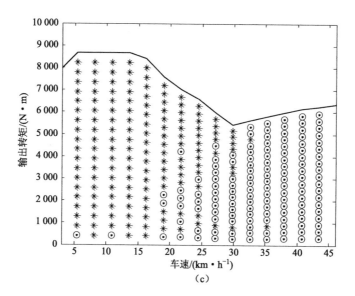

（c）

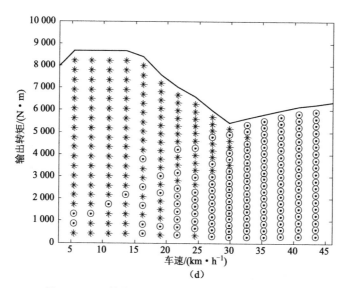

（d）

图 5.9　不同等效因子时的经济性模式切换规则（续）

（c）$s=2.95$；（d）$s=3.25$

经济性模式规则设计流程如图 5.10 所示。

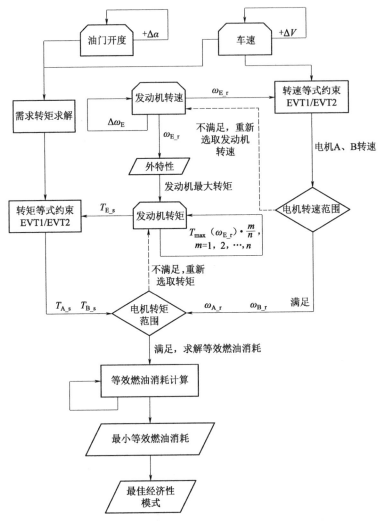

图 5.10　经济性模式规则设计流程

5.3.5　换段规律的有效性

　　将以车速为控制参数的模式切换规则选为参照对象，高于 30 km/h 以 EVT2 工作，低于 30 km/h 则以 EVT1 工作。首先利用前文中的打靶法离线求得 UDDS 工况的最优常数等效因子值为 2.62，然后将等效因子值为 2.62 的经济性切换规则和基于车速的单参数模式切换规则分别嵌入具有最优常数等效因子的 ECMS 策略中，对 UDDS 工况进行仿真，结果如图 5.11 和图 5.12 所示。

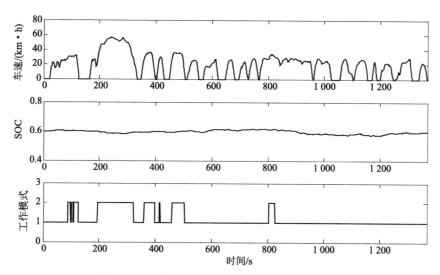

图 5.11　单参数切换规则仿真结果（UDDS 工况）

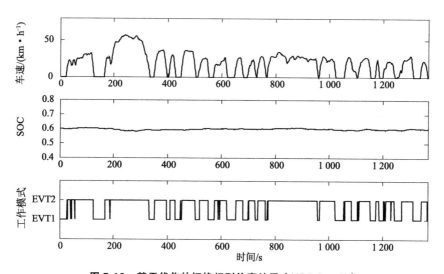

图 5.12　基于优化的切换规则仿真结果（UDDS 工况）

设计模式切换规则时，需要对不同车速的系统最大输出转矩下的可行转矩进行离散，将 ECMS 作为优化工具分别计算各离散转矩工作点在 EVT1 和 EVT2 模式的最小等效燃油消耗，再进一步确定最佳经济性模式。

当系统的需求输出转矩分布在两个离散转矩工作点之间时，就采用线性插值的方式确定最佳模式：

$$\frac{(n) \cdot T_{\mathrm{O\_max}}(V)}{20} < T_{\mathrm{O}}(k) < \frac{(n+1) \cdot T_{\mathrm{O\_max}}(V)}{20}, \quad 0 \leqslant n \leqslant 19$$

$$\frac{\mathrm{MODE}\left[\dfrac{(n)\cdot T_{\mathrm{O\_max}}(V)}{20}\right]\left(T_{\mathrm{O}}(k)-\dfrac{(n)\cdot T_{\mathrm{O\_max}}(V)}{20}\right)+\mathrm{MODE}\left[\dfrac{(n+1)\cdot T_{\mathrm{O\_max}}(V)}{20}-T_{\mathrm{O}}(k)\right]}{\dfrac{T_{\mathrm{O\_max}}(V)}{20}}$$

若上式的值大于 1.5，则将最佳经济性模式选为 EVT2，否则选为 EVT1。显然，基于 ECMS 提取规则时，最大输出转矩下的可行转矩离散点数量对于模式切换规则的最终应用效果也有一定的影响。

采用两种切换规则的燃油经济性结果如表 5.1 所示，表中同时也列出了第3 章的部分控制策略在 UDDS 工况的燃油消耗仿真结果。

表 5.1　UDDS 工况燃油经济性对比

项目	初始 SOC	终点 SOC	总油耗 / $[\mathrm{L}\cdot(100\ \mathrm{km}^{-1})]$	等效总油耗 / $[\mathrm{L}\cdot(100\ \mathrm{km}^{-1})]$
经验切换规则	0.600 0	0.598 7	19.343 4	19.372 2
优化切换规则 1	0.600 0	0.599 8	16.234 2	16.238 6
优化切换规则 2	0.600 0	0.599 8	16.148 2	16.152 6
A-ECMS	0.600 0	0.599 2	16.383 6	16.401 3
最优 ECMS	0.600 0	0.600 0	15.804 1	15.804 1

从表中可以看出，当设计规则时，如果将油门间隔（可行转矩离散）取为5%（优化切换规则 1），嵌入本书提出的经济性切换规则的控制策略的总油耗为16.238 6 L/（100 km），较嵌入经验切换规则的控制策略的总油耗 19.372 2 L/（100 km）减少了 16.2%；比采用等效因子初始估计值为 2.55、调节系数为 5 的A-ECMS 减少了约 1%；比最优 ECMS（采用了最优常数等效因子 2.62 的ECMS）的燃油消耗增加了 2.75%。油门间隔取为 1% 时（优化切换规则 2），嵌入经济性切换规则的控制策略的总油耗为 16.152 6 L/（100 km），较优化切换规则 1 燃油消耗减少了 0.53%，比经验规则减少了 16.6%。

此外，由模式切换规则分析可知，当车速高于 48 km/h 时只能工作在EVT2 模式，而 A-ECMS 台架试验过程的等效车速均高于 48 km/h，台架试验时采用的 EVT2 模式也是本章设计的模式切换规则给出的最佳工作模式。换言之，可认为台架试验时就是采用了本章设计的切换规则，最终获得的良好性能指标也可体现模式切换规则的有效性。

综上，将本章基于优化方法设计的模式切换规则嵌入混合动力车辆控制策略中，可提高在线能量管理策略的优化效率，并较好地保证性能指标。

5.3.6　换段规律的适应性

　　本节中的模式切换规则是基于等效燃油消耗最小化策略优化得到的，但并不意味着本章获得的经济性模式切换规则只能用于 ECMS 类的控制策略中，实际上 ECMS 只是作为模式切换规则设计时的优化工具。图 5.9 中只列出了部分等效因子值对应的模式切换规则，进一步可在常用范围［2，3.5］内以 0.005 为间隔求解出所有的模式切换规则。ECMS 算法中的等效因子只是用于将瞬时消耗的电功率表征为虚拟的燃油消耗（对 PMP 中的协同变量的近似），而并不严格对应任何实际的物理量。对于能量管理策略而言，等效因子只是一个调节参数，可通过打靶算法离线获得各类典型工况的最优常数等效因子值，基于工况识别的一类能量管理策略在在线应用时可以根据工况直接选用辨识出的工况下最优等效因子值对应的模式切换规则。模型预测控制（Model Predictive Control，MPC）等其他在线能量管理策略也同样可以应用本书提出的模式切换规则。对于各类在线能量管理策略，一般均设置了表征当前电池功率对应的能源消耗的权重因子（等效因子值）。对不同工况，均存在不同最优权重因子，当控制策略中采用的权重因子越接近于当前最优权重因子时，使用本书提出的模式切换规则就越能协同能量管理策略发挥出更好的性能。

5.3.7　换段规律与换挡规律的区别

　　在装备自动变速器的现代汽车上，一般均设计了经济性模式、运动性模式等多种驾驶模式。对自动变速器（Automatic Transmission，AT）的换挡规律而言，经济性模式一般使发动机尽快进入经济工作区以降低油耗，而运动性模式则通过适当地延迟升挡或提前降挡来充分利用更大的输出转矩取得更好的动力性。但由于传统的自动变速器每一挡位的速比为定值，装备 AT 的传统汽车的发动机转速与车速成线性关系，对于给定车速和需求转矩，不同挡位下的发动机工作点（转速、转矩）是唯一确定的，故按照换挡规律进行换挡已经基本能够保证实现预期性能目标。

　　对本书研究对象混联式混合动力车辆而言，在不同模式下工作时受到的物理约束及功率分配装置中的转速、转矩耦合关系约束不同，对应的性能指标也不相同，因此可以借鉴传统汽车换挡规律设计的思想设计类似的模式切换规则。但需注意到，由于混联式混合动力车辆中引入的功率分配装置已经将发动机转速与车速解耦，即使行驶车速和需求转矩已确定，并考虑到系统各种约束后可能存在多组工作点（发动机转速、转矩及对应的电机转速、转矩）均能满足系统的功率需求，但系统工作点最终需要由混合动力车辆设计的能量管理策略确定，仅仅利用本书设计的模式切换规则无法像传统汽车的换挡规律那样直接保证预期性能目标的实现。因此，本章所提出的模式切换规则的目的是保证混合动力车辆工作在具备性能发挥潜力的模式下。

5.3.8　能量管理策略与换段规律关系

能量管理策略是混合动力车辆的关键核心技术，混合动力车辆工作过程中的发动机、电机工作点以及多模式混合动力车辆的工作模式均应当由能量管理策略给出，从这一角度而言，模式切换规则也可认为是能量管理策略的一部分。

由于本书的重点是研究双模混联式混合动力车辆模式切换规则，但模式切换规则设计需要控制策略（优化工具）和仿真模型来表征性能指标参数和验证设计规则的效果；此外，模式切换规则在每一控制输入时刻，选择是继续以当前模式工作，或是切换到其他模式，实际上对应一个瞬时决策过程，更加适合嵌入瞬时优化控制策略架构中，因此本书中第 3 章所提出的能量管理策略采用的是基于瞬时优化的 ECMS 这一类控制策略，它既可在本章设计经济性模式切换规则时充当优化求解工具，又可将设计的经济性模式切换规则嵌入瞬时优化控制架构中验证规则的效果。

|5.4　本　章　小　结|

本章研究并提出了适用于机电复合传动的以车速、电池许用功率为输入参数的动力性模式切换规则和以车速、油门开度、等效因子为输入参数的经济性模式切换规则，分析了模式切换规则和传统汽车的换挡规律的区别，以及模式切换规则与本文第 3 章中提出的能量管理策略的关系。

在 UDDS 工况下，将本章提出的经济性模式切换规则嵌入控制策略中，可比传统单参数模式切换规则提升 16.6% 的燃油经济性，从而验证了本章设计的基于优化的模式切换规则的效果。

在基于 ECMS 设计的经济性模式切换规则基础上，引入滞回修正系数，对切换规则进行了修正，在 UDDS 工况下，采用值为 0.95 的修正因子可在燃油消耗增加约 1.06% 的前提下保证模式切换时间间隔不小于 10 s；在 UDDSHDV 工况下，采用值为 0.95 的修正因子可在燃油消耗增加约 3.85% 的前提下保证模式切换时间间隔不小于 10 s，因此采用合适的修正因子可在保证良好的燃油经济性的前提下减少模式频繁切换现象的发生。

第 6 章
机电复合传动系统模式切换稳定性分析

| 6.1 引　　言 |

　　机电复合传动系统的模式转换是指包括空挡模式、机电驱动模式、机械驱动模式、纯电驱动模式及停车发电模式等工作模式间的动态转换过程，涉及系统工作状态的重构和功率流的重组，模式切换前后各部件状态和切换时机与功率耦合机构的耦合特性和结构参数密切相关。当车辆采用机电复合传动方案后，空挡模式、机电驱动模式、机械驱动模式和纯电驱动模式间的状态转换可以实现平滑过渡，理论上不存在稳定性问题。但是，由空挡转换为停车发电状态时，需要接合制动器，同时协调电机实现发电。这一过程中，发动机与发电机动态特性的协调、电机的发电控制特性以及制动器的缓冲控制特性均会对机电复合传动系统稳定性产生较大影响，需要深入研究。

　　为保证机电复合传动系统在不同模式切换过程中稳定性分析的完闭性，本章将首先基于李雅普诺夫方法分析机电复合传动系统在空挡、机电驱动、机械驱动、纯电驱动模式切换过程的稳定性；然后，重点围绕空挡到停车发电模式切换过程的非线性时变动力学模型，基于中心流形定理推导模式切换过程的稳定性判据，通过系统仿真和调整关键参数避免系统失稳现象的发生。

6.2　基于李雅普诺夫方法的模式切换稳定性分析

6.2.1　李雅普诺夫方法

在自动控制领域中，李雅普诺夫方法可用来描述一个动力学系统的平衡点稳定性。李雅普诺夫方法定义的稳定性包括：如果在任何初始条件下，所有始于平衡点附近的解始终维持在这一点附近，则定义该平衡点是稳定的，反之不稳定；如果在任何初始条件下，所有始于平衡点附近的解随着时间趋于无穷而趋向平衡点，则定义该平衡点是渐进稳定的。李雅普诺夫方法的稳定性数学描述如下所示：

$$\dot{x} = f(x, \ t), \quad x(t_0) = x_0 \tag{6.1}$$

式中，$x \in R^n$，$t \geqslant 0$。对于自治系统（3.1）的平衡点 $x = 0$，如果对于每个 $t_0 \geqslant 0$ 和 $\varepsilon > 0$，都存在 $\delta(t_0, \ \varepsilon)$ 满足

$$|x_0| < \delta(t_0, \ \varepsilon) \Rightarrow |x(t)| < \varepsilon \quad \forall t \geqslant t_0$$

则该平衡点是稳定的；如果针对适当的 $\delta(t_0)$ 满足

$$|x_0| < \delta \Rightarrow \lim_{t \to \infty} |x(t)| = 0$$

则该平衡点是渐进稳定的；反之，该平衡点是非稳定的。针对自治系统的线性时不变表达式：

$$\dot{x} = Ax \tag{6.2}$$

式中，当矩阵 A 的所有特征值满足 $\mathrm{Re}\lambda_i \leqslant 0$ 时，平衡点 $x = 0$ 是稳定的；当且仅当矩阵 A 的所有特征值满足 $\mathrm{Re}\lambda_i < 0$ 时，平衡点 $x = 0$ 是渐进稳定的。针对自治系统的非线性表达式，可对系统在原点的线性化方法得到

$$A = \frac{\partial f}{\partial x}(x)\big|_{x=0}$$

式中，$f : D \to R^n$ 是连续可微的，且 D 为原点的一个领域，如果矩阵 A 的所有特征值满足 $\mathrm{Re}\lambda_i < 0$，则平衡点 $x = 0$ 是稳定的；反之不稳定。

基于李雅普诺夫方法的稳定性判定条件，下文将首先针对机电复合传动系统在空挡、机电驱动、机械驱动、纯电驱动模式切换过程，建立切换过程的状态空间表达式，分析系统矩阵的特征值分布，最后通过仿真结果验证切换过程的稳定性。

6.2.2 空挡到机电驱动模式切换稳定性分析

参考前传动模型和功率耦合机构模型以及工作模式的划分，空挡到机电驱动模式切换过程中的动力学方程可表示为

$$
\begin{cases}
J_e \dot{\omega}_e = T_e - T_{fg} \\
J_{fg} \ddot{\theta}_i = i_q T_{fg} - T_i \\
J_{c2} \dot{\omega}_i = T_i - T_{c2} \\
(J_A + J_{r1}) \dot{\omega}_A = T_A - T_{r1} \\
(J_B + J_{s1} + J_{s2} + J_{s3}) \dot{\omega}_B = T_B - T_{s1} - T_{s2} - T_{s3} \\
(J_{c1} + J_{r2}) \dot{\omega}_{c1} = T_{c1} + T_{r2} - T_{CL} \\
J_{r3} \dot{\omega}_{r3} = T_{r3} - T_{BK} \\
(J_o + J_{c3}) \dot{\omega}_o = T_o - T_f \\
T_{fg} = k_{fg}(\theta_e - i_q \theta_i) + c_{fg}(\dot{\theta}_e - i_q \dot{\theta}_i)
\end{cases}
\tag{6.3}
$$

式中，J_{fg} 是前传动齿轮机构的等效转动惯量。根据功率耦合机构的转速和转矩特性，行星齿轮排的转速关系式为

$$
\begin{cases}
\omega_B + K_1 \omega_A - (1 + K_1) \omega_{c1} = 0 \\
\omega_B + K_2 \omega_{r2} - (1 + K_2) \omega_i = 0 \\
\omega_B + K_3 \omega_{r3} - (1 + K_3) \omega_o = 0 \\
\omega_{c1} - \omega_{r2} = 0
\end{cases}
\tag{6.4}
$$

行星齿轮排的转矩关系式为

$$
\begin{cases}
T_{s1} : T_{r1} : T_{c1} = 1 : K_1 : (-(1 + K_1)) \\
T_{s2} : T_{r2} : T_{c2} = 1 : K_2 : (-(1 + K_2)) \\
T_{s3} : T_{r3} : T_{c3} = 1 : K_3 : (-(1 + K_3))
\end{cases}
\tag{6.5}
$$

结合上述公式，推导电机 A 转速变化率表达式为

$$
\dot{\omega}_A = \frac{D_1}{A_1 D_1 - B_1 C_1} \left[T_B - \left(\frac{1}{K_1} + \frac{B_1}{D_1} \frac{1 + K_1}{K_1} \right) T_A + \frac{k_{fg} i_q}{1 + K_2} (\theta_e - \theta_i i_q) \left(1 - \frac{B_1}{D_1} K_2 \right) + \frac{c_{fg} i_q}{1 + K_2} \cdot \right.
$$

$$
\omega_e \left(1 - \frac{B_1}{D_1} K_2 \right) - e_1 \omega_A \left(1 - \frac{B_1}{D_1} K_2 \right) - f_1 \omega_B \left(1 - \frac{B_1}{D_1} K_2 \right) +
\tag{6.6}
$$

$$
\left. T_{CL} \left(\frac{1 + K_3}{a_1 K_3 (J_o + J_{c3})} + \frac{B_1}{D_1} \right) + \frac{1 + K_3}{a_1 K_3 (J_o + J_{c3})} T_f - \frac{1}{a_1 J_{r3}} T_{BK} \right]
$$

推导电机 B 转速变化率表达式为

$$\dot{\omega}_{\mathrm{B}} = \frac{-C_1}{A_1 D_1 - B_1 C_1}\left[T_{\mathrm{B}} - \left(\frac{1}{K_1} + \frac{A_1}{C_1}\frac{1+K_1}{K_1} \right)T_{\mathrm{A}} + \frac{k_{\mathrm{fq}} i_{\mathrm{q}}}{1+K_2}(\theta_{\mathrm{e}} - \theta_{\mathrm{i}} i_{\mathrm{q}})\left(1 - \frac{A_1}{C_1}K_2 \right) + \frac{c_{\mathrm{fq}} i_{\mathrm{q}}}{1+K_2}\cdot \right.$$

$$\omega_{\mathrm{e}}\left(1 - \frac{A_1}{C_1}K_2 \right) - e_1\omega_{\mathrm{A}}\left(1 - \frac{A_1}{C_1}K_2 \right) - f_1\omega_{\mathrm{B}}\left(1 - \frac{A_1}{C_1}K_2 \right) + \qquad (6.7)$$

$$\left. T_{\mathrm{CL}}\left(\frac{1+K_3}{a_1 K_3(J_{\mathrm{o}} + J_{c3})} + \frac{A_1}{C_1} \right) + \frac{1+K_3}{a_1 K_3(J_{\mathrm{o}} + J_{c3})}T_f - \frac{1}{a_1 J_{r3}}T_{\mathrm{BK}} \right]$$

上述两个公式各系数表达式为

$$\begin{cases} A_1 = b_1 + \dfrac{J_{\mathrm{fq}}}{i_{\mathrm{q}}}\dfrac{K_1 K_2}{(1+K_1)(1+K_2)^2}; \quad B_1 = c_1 + \dfrac{J_{\mathrm{fq}}}{i_{\mathrm{q}}}\dfrac{1+K_1+K_2}{(1+K_1)(1+K_2)^2} \\[4mm] C_1 = d_1 + \dfrac{J_{\mathrm{fq}}}{i_{\mathrm{q}}}\cdot\dfrac{K_1 K_2^2}{(1+K_1)(1+K_2)^2}; \quad D_1 = e_1 + \dfrac{J_{\mathrm{fq}}}{i_{\mathrm{q}}}\cdot\dfrac{(1+K_1+K_2)K_2}{(1+K_1)(1+K_2)^2} \\[4mm] a_1 = \dfrac{(1+K_3)^2}{K_3(J_0 + J_{c3})} + \dfrac{K_3}{J_{r3}}; \quad b_1 = -\dfrac{J_{\mathrm{A}} + J_{r1}}{K_1} + \dfrac{J_{c2}K_1 K_2}{(1+K_1)(1+K_2)^2} \\[4mm] c_1 = (J_{\mathrm{B}} + J_{s1} + J_{s2} + J_{s3}) + \dfrac{J_{c2}(1+K_1+K_2)}{(1+K_1)(1+K_2)^2} + \dfrac{1}{a_1 K_3} \\[4mm] d_1 = \dfrac{(J_{c1} + J_{r2})K_1}{1+K_1} + \dfrac{(1+K_1)(J_{\mathrm{A}} + J_{r1})}{K_1} + \dfrac{K_1 K_2^2 J_{c2}}{(1+K_1)(1+K_2)^2} \\[4mm] e_1 = \dfrac{(J_{c1} + J_{r2})}{1+K_1} + \dfrac{(1+K_1+K_2)K_2 J_{c2}}{(1+K_1)(1+K_2)^2} \end{cases} \qquad (6.8)$$

选取 $[\theta_{\mathrm{e}} - i_{\mathrm{q}}\theta_{\mathrm{i}},\ \omega_{\mathrm{e}},\ \omega_{\mathrm{A}},\ \omega_{\mathrm{B}}]^{\mathrm{T}}$ 为状态变量，$[T_{\mathrm{e}},\ T_{\mathrm{A}},\ T_{\mathrm{B}},\ T_f,\ T_{\mathrm{CL}},\ T_{\mathrm{BK}}]^{\mathrm{T}}$ 为输入量，将空挡到机电驱动模式切换过程中的动力学方程转化为状态空间表达式形式，即

$$\begin{bmatrix} \dot{\theta}_{\mathrm{e}} - i_{\mathrm{q}}\dot{\theta}_{\mathrm{i}} \\ \dot{\omega}_{\mathrm{e}} \\ \dot{\omega}_{\mathrm{A}} \\ \dot{\omega}_{\mathrm{B}} \end{bmatrix} = A\begin{bmatrix} \theta_{\mathrm{e}} - i_{\mathrm{q}}\theta_{\mathrm{i}} \\ \omega_{\mathrm{e}} \\ \omega_{\mathrm{A}} \\ \omega_{\mathrm{B}} \end{bmatrix} + B\begin{bmatrix} T_{\mathrm{e}} \\ T_{\mathrm{A}} \\ T_{\mathrm{B}} \\ T_f \\ T_{\mathrm{CL}} \\ T_{\mathrm{BK}} \end{bmatrix} \qquad (6.9)$$

推导矩阵 **A** 和矩阵 **B** 的表达式分别为

$$A = \begin{bmatrix} 0 & 1 \\ -\dfrac{k_{fg}}{J_e} & -\dfrac{c_{fg}}{J_e} \\ \dfrac{D_1}{A_1D_1-B_1C_1}\dfrac{k_{fg}i_q}{1+K_2}\left(1-\dfrac{B_1}{D_1}K_2\right) & \dfrac{D_1}{A_1D_1-B_1C_1}\dfrac{c_{fg}i_q}{1+K_2}\left(1-\dfrac{B_1}{D_1}K_2\right) \\ \dfrac{-C_1}{A_1D_1-B_1C_1}\dfrac{k_{fg}i_q}{1+K_2}\left(1-\dfrac{A_1}{C_1}K_2\right) & \dfrac{-C_1}{A_1D_1-B_1C_1}\dfrac{c_{fq}i_q}{1+K_2}\left(1-\dfrac{A_1}{C_1}K_2\right) \end{bmatrix}$$

$$\begin{bmatrix} -\dfrac{i_qK_1K_2}{(1+K_1)(1+K_2)} & -\dfrac{i_q(1+K_1+K_2)}{(1+K_1)(1+K_2)} \\ \dfrac{c_{fg}}{J_e}\dfrac{i_qK_1K_2}{(1+K_1)(1+K_2)} & \dfrac{c_{fg}}{J_e}\dfrac{i_q(1+K_1+K_2)}{(1+K_1)(1+K_2)} \\ \dfrac{-e_1D_1}{A_1D_1-B_1C_1}\left(1-\dfrac{B_1}{D_1}K_2\right) & \dfrac{-f_1D_1}{A_1D_1-B_1C_1}\left(1-\dfrac{B_1}{D_1}K_2\right) \\ \dfrac{e_1C_1}{A_1D_1-B_1C_1}\left(1-\dfrac{A_1}{C_1}K_2\right) & \dfrac{f_1C_1}{A_1D_1-B_1C_1}\left(1-\dfrac{A_1}{C_1}K_2\right) \end{bmatrix}$$

$$B = \begin{bmatrix} 0 & 0 & 0 & 0 \\ \dfrac{1}{J_e} & 0 & 0 & 0 \\ 0 & -\left(\dfrac{1}{K_1}+\dfrac{B_1}{D_1}\dfrac{1+K_1}{K_1}\right)\dfrac{D_1}{A_1D_1-B_1C_1} & \dfrac{D_1}{A_1D_1-B_1C_1} & \dfrac{1+K_3}{a_1K_3(J_o+J_{c3})}\dfrac{D_1}{A_1D_1-B_1C_1} \\ 0 & \dfrac{C_1}{A_1D_1-B_1C_1}\left(\dfrac{1}{K_1}+\dfrac{A_1}{C_1}\dfrac{1+K_1}{K_1}\right) & \dfrac{-C_1}{A_1D_1-B_1C_1} & \dfrac{1+K_3}{a_1K_3(J_o+J_{c3})}\dfrac{-C_1}{A_1D_1-B_1C_1} \end{bmatrix}$$

$$\begin{bmatrix} 0 & 0 \\ 0 & 0 \\ \dfrac{D_1}{A_1D_1-B_1C_1}\left(\dfrac{1+K_3}{a_1K_3(J_o+J_{c3})}+\dfrac{B_1}{D_1}\right) & -\dfrac{1}{a_1J_{r3}}\dfrac{D_1}{A_1D_1-B_1C_1} \\ \dfrac{-C_1}{A_1D_1-B_1C_1}\left(\dfrac{1+K_3}{a_1K_3(J_o+J_{c3})}+\dfrac{B_1}{D_1}\right) & \dfrac{1}{a_1J_{r3}}\dfrac{C_1}{A_1D_1-B_1C_1} \end{bmatrix}$$

根据线性自治系统的李雅普诺夫稳定性判定条件，代入数值后矩阵 A 的特征值分布如图 6.1 所示。

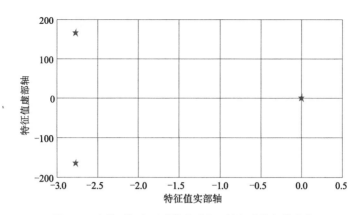

图 6.1　空挡到机电驱动模式过程系统矩阵特征值分布

由图 6.1 可见，矩阵 A 的所有特征值满足 $\mathrm{Re}\lambda_i \leqslant 0$ 条件，因此从空挡到机电驱动模式过程，机电复合传动系统的动态过程保持稳定。但是，部分特征值分布在 0 轴附近，说明系统在模式切换过程中偏向临界稳定的状态。可以理解为，机电复合传动系统在模式切换过程中保持稳定的前提条件是要求各动力源输出转矩满足规定的约束条件，否则系统将失稳。基于机电复合传动系统仿真平台，空挡到机电驱动模式过程的仿真结果如图 6.2 所示。

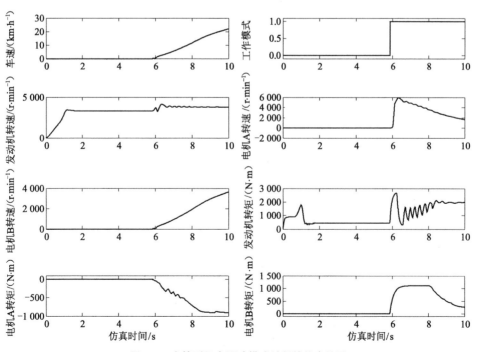

图 6.2　空挡到机电驱动模式过程的仿真结果

图 6.2 所示仿真结果表明：在空挡模式阶段（这里定义为模式 0），发动机进入起动调速模式，驾驶员的踏板开度直接对应发动机的目标转速，电机 A 和电机 B 不工作，车速为零；模式切换过程发生在 6 s 附近，机电复合传动系统平稳地转换到机电驱动模式（这里定义为模式 1），电机 A 进入发电模式，电机 B 进入电动模式；电机 A 作为发动机的负载，电机 A 的起停阶段会使发动机的转矩产生波动，随后趋于平稳状态，车速稳步提升。

6.2.3 机电驱动到机械驱动模式切换稳定性分析

参考前述传动模型和功率耦合机构模型以及工作模式的划分，机电驱动到机械驱动模式切换过程中的动力学方程可表示为

$$\begin{cases} J_e\dot{\omega}_e = T_e - T_{fg} \\ J_{fg}\ddot{\theta}_i = i_q T_{fg} - T_i \\ J_{c2}\dot{\omega}_i = T_i - T_{c2} \\ (J_A + J_{r1})\dot{\omega}_A = T_A - T_{r1} \\ (J_B + J_{s1} + J_{s2} + J_{s3})\dot{\omega}_B = T_B - T_{s1} - T_{s2} - T_{s3} \\ (J_o + J_{c3} + J_{c1} + J_{r2})\dot{\omega}_o = T_o - T_f \\ T_o = T_{c1} + T_{r2} + T_{c3} \\ T_{fg} = k_{fg}(\theta_e - i_q\theta_i) + c_{fg}(\dot{\theta}_e - i_q\dot{\theta}_i) \end{cases} \quad (6.10)$$

根据功率耦合机构的转速和转矩特性，行星齿轮排的转速关系式为

$$\begin{cases} \omega_B + K_1\omega_A - (1+K_1)\omega_{c1} = 0 \\ \omega_B + K_2\omega_{r2} - (1+K_2)\omega_i = 0 \\ \omega_B - (1+K_3)\omega_o = 0 \\ \omega_{c1} = \omega_{r2} = \omega_{c3} = \omega_o \end{cases} \quad (6.11)$$

行星齿轮排的转矩关系式为

$$\begin{cases} T_{s1} : T_{r1} : T_{c1} = 1 : K_1 : (-(1+K_1)) \\ T_{s2} : T_{r2} : T_{c2} = 1 : K_2 : (-(1+K_2)) \\ T_{s3} : T_{c3} = 1 : (-(1+K_3)) \end{cases} \quad (6.12)$$

结合上述公式，推导电机 A 转速变化率表达式为

$$\dot{\omega}_A = \frac{1}{A_2}\left(\frac{1+K_2+K_3}{1+K_2}k_{fq}i_q(\theta_e - \theta_i i_q) + \frac{1+K_2+K_3}{1+K_2}ci_q\omega_e - \right.$$

$$\left. \frac{1+K_2+K_3}{1+K_2}\frac{K_1K_2\omega_A + (1+K_1+K_2)\omega_B c_{fq}i_q^2}{(1+K_1)(1+K_2)} + \frac{K_1-K_3}{K_1}T_A + (1+K_3)T_B + T_f \right)$$

$$(6.13)$$

推导电机 B 转速变化率表达式为

$$\dot{\omega}_B = \frac{1}{A_2}\left(\frac{K_1(1+K_3)}{K_1-K_3}\frac{1+K_2+K_3}{1+K_2}k_{fq}i_q(\theta_e-\theta_i i_q) + \frac{K_1(1+K_3)}{K_1-K_3}\frac{1+K_2+K_3}{1+K_2}ci_q\omega_e - \right.$$

$$\frac{K_1(1+K_3)}{K_1-K_3}\frac{1+K_2+K_3}{1+K_2}\frac{K_1K_2\omega_A+(1+K_1+K_2)\omega_B c_{fq}i_q^2}{(1+K_1)(1+K_2)} + \qquad (6.14)$$

$$\left. \frac{K_1(1+K_3)}{K_1}T_A + \frac{K_1(1+K_3)^2}{K_1-K_3}T_B + \frac{K_1(1+K_3)}{K_1-K_3}T_f \right)$$

上述两式的系数 A_2 表达式为

$$A_2 = \frac{(J_B+J_{s1}+J_{s2}+J_{s3})K_1(1+K_3)^2}{K_1-K_3} + \frac{(J_o+J_{c3}+J_{c1}+J_{r2})K_1}{K_1-K_3} -$$

$$\frac{(K_3-K_1)(J_A+J_{r1})}{K_1} + \frac{(1+K_1+K_2)K_1K_2}{(1+K_1)(1+K_2)^2}J_{fq} +$$

$$\frac{K_1(1+K_3)(1+K_1+K_2)^2}{(K_1-K_3)(1+K_1)(1+K_2)^2}J_{fq} + \frac{K_1(1+K_1+K_2)^2}{(K_1-K_3)(1+K_2)^2}J_{c2}$$

选取 $[\theta_e-i_q\theta_i,\ \omega_e,\ \omega_A,\ \omega_B]^T$ 为状态变量，$[T_e,\ T_A,\ T_B,\ T_f,\ T_{CL},\ T_{BK}]^T$ 为输入量，将机电驱动到机械驱动模式切换过程中的动力学方程转化为状态空间表达式形式，即

$$\begin{bmatrix} \dot{\theta}_e-i_q\dot{\theta}_i \\ \dot{\omega}_e \\ \dot{\omega}_A \\ \dot{\omega}_B \end{bmatrix} = A\begin{bmatrix} \theta_e-i_q\theta_i \\ \omega_e \\ \omega_A \\ \omega_B \end{bmatrix} + B\begin{bmatrix} T_e \\ T_A \\ T_B \\ T_f \\ T_{CL} \\ T_{BK} \end{bmatrix} \qquad (6.15)$$

推导矩阵 A 和矩阵 B 的表达式分别为

$$A = \begin{bmatrix} 0 & 1 \\ -\dfrac{k_{fq}}{J_e} & -\dfrac{c_{fq}}{J_e} \\ \dfrac{1+K_1+K_2}{A_2(1+K_2)}k_{fq}i_q & \dfrac{1+K_1+K_2}{A_2(1+K_2)}c_{fq}i_q \\ \dfrac{K_1(1+K_3)(1+K_1+K_2)k_{fq}i_q}{A_2(K_1-K_3)(1+K_2)} & \dfrac{K_1(1+K_3)(1+K_1+K_2)c_{fq}i_q}{A_2(K_1-K_3)(1+K_2)} \end{bmatrix}$$

$$\begin{bmatrix} -\dfrac{i_q K_1 K_2}{(1+K_1)(1+K_2)} & -\dfrac{i_q(1+K_1+K_2)}{(1+K_1)(1+K_2)} \\[3mm] \dfrac{c_{fq}}{J_e}\dfrac{i_q K_1 K_2}{(1+K_1)(1+K_2)} & \dfrac{c_{fq}}{J_e}\dfrac{i_q(1+K_1+K_2)}{(1+K_1)(1+K_2)} \\[3mm] -\dfrac{(1+K_1+K_2)K_1 K_2 c_{fq} i_q^2}{A_2(1+K_1)(1+K_2)^2} & -\dfrac{(1+K_1+K_2)^2 c_{fq} i_q^2}{A_2(1+K_1)(1+K_2)^2} \\[3mm] -\dfrac{K_1(1+K_3)(1+K_1+K_2)K_1 K_2 c_{fq} i_q^2}{A_2(K_1-K_3)(1+K_1)(1+K_2)^2} & -\dfrac{K_1(1+K_3)(1+K_1+K_2)^2 c_{fq} i_q^2}{A_2(K_1-K_3)(1+K_1)(1+K_2)^2} \end{bmatrix}$$

$$B = \begin{bmatrix} 0 & 0 & 0 & 0 & 0 & 0 \\[2mm] \dfrac{1}{J_e} & 0 & 0 & 0 & 0 & 0 \\[3mm] 0 & \dfrac{K_1-K_3}{A_2 k_1} & \dfrac{(1+K_3)}{A_2} & \dfrac{1}{A_2} & 0 & 0 \\[3mm] 0 & \dfrac{K_1(1+K_3)}{A_2 K_1} & \dfrac{K_1(1+K_3)^2}{A_2(K_1-K_3)} & \dfrac{K_1(1+K_3)}{A_2(K_1-K_3)} & 0 & 0 \end{bmatrix}$$

根据线性自治系统的李雅普诺夫稳定性判定条件，代入数值后矩阵 **A** 的特征值分布如图 6.3 所示。

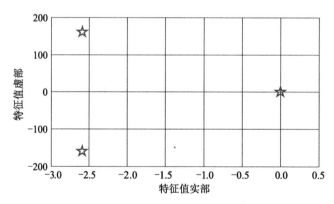

图 6.3 机电驱动到机械驱动模式切换系统矩阵特征值分布

由图 6.3 可知，矩阵 **A** 的所有特征值满足 $\mathrm{Re}\lambda_i \leqslant 0$ 条件，因此从机电驱动到机械驱动模式的过程中，机电复合传动系统的动态过程同样保持稳定。但是，部分特征值分布在 0 轴附近，说明系统在模式切换过程中偏向临界稳定的状态。可以理解为，机电复合传动系统在模式切换过程中保持稳定的前提条件是要求各动力源输出转矩满足规定的约束条件，否则系统将失稳。

从机电驱动到机械驱动模式过程的仿真结果如图 6.4 所示，当机电复合传动系统在机电驱动模式时（这里定义为模式 1），发动机、电机 A 和电机 B 通过功率耦合机构的连接正常运行，车速稳步上升；模式切换过程发生在 6 s 附近，机电复合传动系统平稳地切换到机械驱动模式（这里定义为模式 2），电机 A 和电机 B 停止工作且转矩为零，发动机单独驱动车辆行驶；电机 A 作为发动机的负载，电机 A 转矩为零时会使发动机的转矩随之下降，随后转矩能力逐渐恢复，车辆的加速性能也有所改善，车速稳步上升。

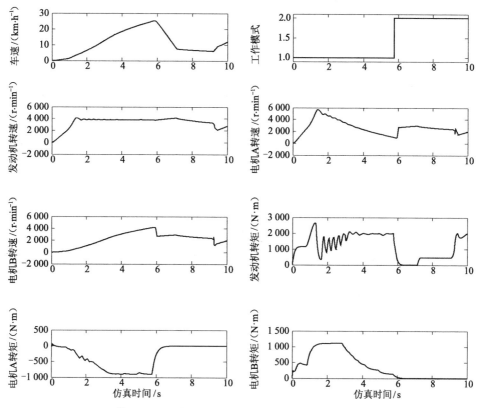

图 6.4　从机电驱动到机械驱动模式过程的仿真结果

6.2.4　机电驱动到纯电驱动模式切换稳定性分析

参考前述传动模型和功率耦合机构模型以及工作模式的划分，机电驱动到纯电驱动模式切换过程中的动力学方程可表示为

$$\begin{cases} J_e \dot{\omega}_e = T_e - T_{fg} \\ J_{fg} \ddot{\theta}_i = i_q T_{fg} - T_i \\ J_{c2} \dot{\omega}_i = T_i - T_{c2} \\ (J_A + J_{r1}) \dot{\omega}_A = T_A - T_{r1} \\ (J_B + J_{s1} + J_{s2} + J_{s3}) \dot{\omega}_B = T_B - T_{s1} - T_{s2} - T_{s3} \\ (J_o + J_{c3} + J_{c1} + J_{r2}) \dot{\omega}_o = T_o - T_f \\ J_{r3} \dot{\omega}_{r3} = T_{r3} - T_{BK} \\ T_o = T_{c1} + T_{r2} + T_{c3} \\ T_{fg} = k_{fg}(\theta_e - i_q \theta_i) + c_{fg}(\dot{\theta}_e - i_q \dot{\theta}_i) \end{cases} \tag{6.16}$$

根据功率耦合机构的转速和转矩特性，行星齿轮排的转速关系式为

$$\begin{cases} \omega_B + K_1 \omega_A - (1 + K_1) \omega_{c1} = 0 \\ \omega_B + K_2 \omega_o - (1 + K_2) \omega_i = 0 \\ \omega_B + K_3 \omega_{r3} - (1 + K_3) \omega_o = 0 \end{cases} \tag{6.17}$$

行星齿轮排的转矩关系式为

$$\begin{cases} T_{s1} : T_{r1} : T_{c1} = 1 : K_1 : (-(1+K_1)) \\ T_{s2} : T_{r2} : T_{c2} = 1 : K_2 : (-(1+K_2)) \\ T_{s3} : T_{r3} : T_{c3} = 1 : K_3 : (-(1+K_3)) \end{cases} \tag{6.18}$$

结合上述公式，推导电机 A 转速变化率表达式为

$$\dot{\omega}_A = \frac{(d_3 - b_3 K_2)}{a_3 d_3 - b_3 c_3} \frac{k_{fq} i_q}{1 + K_2} (\theta_e - i_q \theta_i) + \frac{(d_3 - b_3 K_2)}{a_3 d_3 - b_3 c_3} \frac{c_{fq} i_q \omega_e}{1 + K_2} + \frac{(b_2 K_2 - d_2) e_3 \omega_A}{a_3 d_3 - b_3 c_3} +$$
$$\frac{(b_2 K_2 - d_2) f_3 \omega_B}{a_3 d_3 - b_3 c_3} - \frac{b_3 (1 + K_1) + d_3}{(a_3 d_3 - b_3 c_3) K_1} T_A + \frac{d_3}{a_3 d_3 - b_3 c_3} T_B - \frac{b_3}{a_3 d_3 - b_3 c_3} T_f -$$
$$\frac{d_3 + (1 + K_3) b_3}{K_3 (a_3 d_3 - b_3 c_3)} T_{BK}$$

$$(6.19)$$

推导电机 B 转速变化率表达式为：

$$\dot{\omega}_B = \frac{(a_3 K_2 - c_3)}{a_3 d_3 - b_3 c_3} \frac{k_{fq} i_q}{1 + K_2} (\theta_e - i_q \theta_i) + \frac{(a_3 K_2 - c_3)}{a_3 d_3 - b_3 c_3} \frac{c_{fq} i_q \omega_e}{1 + K_2} + \frac{(c_3 - a_3 K_2) e_3 \omega_A}{a_3 d_3 - b_3 c_3} +$$
$$\frac{(c_3 - a_3 K_2) f_3 \omega_B}{a_3 d_3 - b_3 c_3} + \frac{a_3 (1 + K_1) + c_3}{(a_3 d_3 - b_3 c_3) K_1} T_A - \frac{c_3}{a_3 d_3 - b_3 c_3} T_B + \frac{a_3}{a_3 d_3 - b_3 c_3} T_f - \quad (6.20)$$
$$\frac{c_3 + (1 + K_3) a_3}{K_3 (a_3 d_3 - b_3 c_3)} T_{BK}$$

上述两式各系数表达式为

$$\begin{cases}
a_3 = \dfrac{J_{c2}K_1K_2}{(1+K_1)(1+K_2)^2} + \dfrac{J_{fq}K_1K_2}{i_q(1+K_1)(1+K_2)^2} - \dfrac{K_1(1+K_3)J_{r3}}{(1+K_1)K_3^2} - \dfrac{J_A + J_{r1}}{K_1} \\[4mm]
b_3 = (J_B + J_{s1} + J_{s2} + J_{s3}) + \dfrac{J_{fq}}{i_q}\dfrac{(1+K_1+K_2)}{(1+K_1)(1+K_2)^2} - \dfrac{(K_3 - K_1)J_{r3}}{(1+K_1)K_3^2} + \dfrac{J_{c2}(1+K_1+K_2)}{(1+K_1)(1+K_2)^2} \\[4mm]
c_3 = \dfrac{(J_o + J_{c3} + J_{c1} + J_{r2})K_1}{1+K_1} + \dfrac{(1+K_1)(J_A + J_{r1})}{K_1} + \dfrac{J_{fq}K_1K_2^2}{i_q(1+K_1)(1+K_2)^2} + \\[4mm]
\qquad \dfrac{J_{c2}K_1K_2^2}{(1+K_1)(1+K_2)^2} + \dfrac{K_1(1+K_3)^2 J_{r3}}{(1+K_1)K_3^2} \\[4mm]
d_3 = \dfrac{(J_o + J_{c1} + J_{r2} + J_{c3})}{1+K_1} + \dfrac{J_{fq}K_2(1+K_1+K_2)}{i_q(1+K_1)(1+K_2)^2} + \dfrac{J_{c2}(1+K_1+K_2)K_2}{(1+K_1)(1+K_2)^2} + \\[4mm]
\qquad \dfrac{(K_3 - K_1)(1+K_3)J_{r3}}{(1+K_1)K_3^2} \\[4mm]
e_3 = \dfrac{K_1K_2c_{fq}i_q^2}{(1+K_1)(1+K_2)^2} \\[4mm]
f_3 = \dfrac{(1+K_1+K_2)ci_q^2}{(1+K_1)(1+K_2)^2}
\end{cases}$$

选取 $[\theta_e - i_q\theta_i, \ \omega_e, \ \omega_A, \ \omega_B]^T$ 为状态变量，$[T_e, \ T_A, \ T_B, \ T_f, \ T_{CL}, \ T_{BK}]^T$ 为输入量，将机电驱动到纯电驱动模式切换过程中的动力学方程转化为状态空间表达式形式，即

$$\begin{bmatrix} \dot{\theta}_e - i_q\dot{\theta}_i \\[2mm] \dot{\omega}_e \\[2mm] \dot{\omega}_A \\[2mm] \dot{\omega}_B \end{bmatrix} = A \begin{bmatrix} \theta_e - i_q\theta_i \\[2mm] \omega_e \\[2mm] \omega_A \\[2mm] \omega_B \end{bmatrix} + B \begin{bmatrix} T_e \\ T_A \\ T_B \\ T_f \\ T_{CL} \\ T_{BK} \end{bmatrix} \qquad (6.21)$$

推导矩阵 A 和矩阵 B 的表达式分别为

$$A = \begin{bmatrix}
0 & 1 & -\dfrac{i_qK_1K_2}{(1+K_1)(1+K_2)} & -\dfrac{i_q(1+K_1+K_2)}{(1+K_1)(1+K_2)} \\[4mm]
-\dfrac{k_{fq}}{J_e} & -\dfrac{c_{fq}}{J_e} & \dfrac{c_{fq}i_qK_1K_2}{J_e(1+K_1)(1+K_2)} & \dfrac{c_{fq}i_q(1+K_1+K_2)}{J_e(1+K_1)(1+K_2)} \\[4mm]
\dfrac{(d_3 - b_3K_2)}{a_3d_3 - b_3c_3}\dfrac{k_{fq}i_q}{1+K_2} & \dfrac{(d_3 - b_3K_2)}{a_3d_3 - b_3c_3}\dfrac{c_{fq}i_q}{1+K_2} & \dfrac{(b_2K_2 - d_2)e_3}{a_3d_3 - b_3c_3} & \dfrac{(b_2K_2 - d_2)f_3}{a_3d_3 - b_3c_3} \\[4mm]
\dfrac{(a_3K_2 - c_3)}{a_3d_3 - b_3c_3}\dfrac{k_{fq}i_q}{1+K_2} & \dfrac{(a_3K_2 - c_3)}{a_3d_3 - b_3c_3}\dfrac{c_{fq}i_q}{1+K_2} & \dfrac{(c_3 - a_3K_2)e_3}{a_3d_3 - b_3c_3} & \dfrac{(c_3 - a_3K_2)f_3}{a_3d_3 - b_3c_3}
\end{bmatrix}$$

$$B = \begin{bmatrix} 0 & 0 & 0 & 0 & 0 & 0 \\ \dfrac{1}{J_e} & 0 & 0 & 0 & 0 & 0 \\ 0 & -\dfrac{b_3(1+K_1)+d_3}{(a_3d_3-b_3c_3)K_1} & \dfrac{d_3}{a_3d_3-b_3c_3} & -\dfrac{b_3}{a_3d_3-b_3c_3} & 0 & -\dfrac{d_3+(1+K_3)b_3}{K_3(a_3d_3-b_3c_3)} \\ 0 & \dfrac{a_3(1+K_1)+c_3}{(a_3d_3-b_3c_3)K_1} & -\dfrac{c_3}{a_3d_3-b_3c_3} & \dfrac{a_3}{a_3d_3-b_3c_3} & 0 & -\dfrac{c_3+(1+K_3)a_3}{K_3(a_3d_3-b_3c_3)} \end{bmatrix}$$

根据线性自治系统的李雅普诺夫稳定性判定条件，代入数值后矩阵 A 的特征值分布如图 6.5 所示。

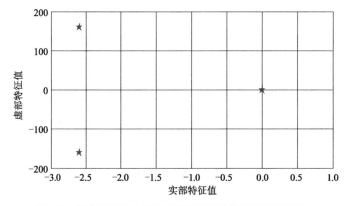

图 6.5　机电驱动到纯电驱动模式切换系统矩阵特征值分布

由图 6.5 可知，矩阵 A 的所有特征值满足 $\mathrm{Re}\lambda_i \leqslant 0$ 条件，因此从机电驱动到纯电驱动模式切换的过程中，机电复合传动系统的动态过程同样保持稳定。但是，部分特征值分布在 0 轴附近，说明系统在模式切换过程中偏向临界稳定的状态。可以理解为，机电复合传动系统在模式切换过程中保持稳定的前提条件是要求各动力源输出转矩满足规定的约束条件，否则系统将失稳。

机电驱动到纯电驱动模式过程的仿真结果如图 6.6 所示。当机电复合传动系统在机电驱动模式时（这里定义为模式 1），发动机、电机 A 和电机 B 通过功率耦合机构的连接正常运行，车速稳步上升；模式切换过程发生在 6 s 附近，机电复合传动系统平稳地切换到纯电驱动模式（这里定义为模式 2），该模式下发动机和电机 A 均不参加工作，电机 B 单独驱动车辆行驶。该模式下的控制策略比较简单，油门踏板的开度直接对应着电机 B 的目标转矩，同时保证电机 B 的功率不超过电池组的功率范围。由于受限于电池组的功率约束，电机 B 的功率无法正常发挥，因此整车的动力性较差，车速基本保持平稳不变。

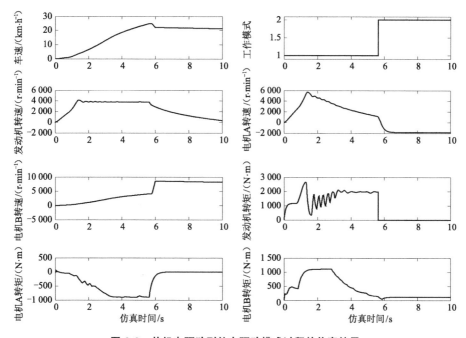

图 6.6 从机电驱动到纯电驱动模式过程的仿真结果

综上所述，机电复合传动系统能实现在空挡、机电驱动、机械驱动和纯电驱动模式切换过程中的平稳切换，发动机和两个电机都工作在综合控制策略约束的范围内，使得车辆在模式切换前后不发生失稳现象，同时保持良好的驱动性能。

| 6.3 基于中心流形定理的模式切换稳定性分析 |

6.3.1 中心流形定理

非线性自治系统在原点线性化后，如果矩阵 A 的部分特征值实部为零，其余特征值具有负实部，那么不能应用李雅普诺夫方法来判断原点的稳定性，而中心流形定理能有效地解决非线性自治系统在原点线性化失效时的平衡点稳定性问题。假设矩阵 A 有 m 个实部为零的特征值，n 个实部为负的特征值，通过相似矩阵 T 变换可以得到

$$TAT^{-1} = \begin{bmatrix} A_1 & 0 \\ 0 & A_2 \end{bmatrix} \qquad (6.22)$$

其中矩阵 A_1 的所有特征值实部为零，矩阵 A_2 的所有特征值实部为负。因此可以构建以下系统：

$$\begin{cases} \dot{x} = A_1 x + f(x, y) \\ \dot{y} = A_2 y + g(x, y) \end{cases} \tag{6.23}$$

式中，$(x, y) \in R^{m \times n}$，对应的中心流形 E^c 及其局部特征 W^c 为

$$E^c = \operatorname{span} \begin{bmatrix} I_n \\ 0_{m \times n} \end{bmatrix} \tag{6.24}$$

$$W^c = \{(x, y) \in R^{m+n} \mid y = h(x)\}, \quad h(0) = 0, \quad \frac{\partial h(0)}{\partial x} = 0 \tag{6.25}$$

当 h 的表达式确定后，W^c 的矢量区域可以投影在 E^c 上，得到

$$x = A_1 x + f(x, h(x)) \tag{6.26}$$

中心流形定理稳定性判定条件为：若上式在原点是渐进稳定的，那么构建的系统在原点也是渐进稳定的。构造函数 $y = h(x)$ 替换对函数 y 的局部描述方程，使得

$$\dot{y} = \frac{\partial h(x)}{\partial x} \dot{x} = \frac{\partial h(x)}{\partial x} [A_1 x + f(x, h(x))]$$

$$\frac{\partial h(x)}{\partial x} [A_1 x + f(x, h(x))] = A_2 h(x) + g(x, h(x)) \tag{6.27}$$

边界约束条件为

$$h(0) = 0, \quad \frac{\partial h(0)}{\partial x} = 0$$

6.3.2 空挡到停车发电模式切换稳定性分析

本节针对停车发电模式，采用电机 A 作为发电机单独给电池组提供电功率，电机 B 不工作，因此参考前述传动模型和功率耦合机构模型，空挡到停车发电模式切换过程中的动力学方程可表示为

$$\begin{cases} J_e \dot{\omega}_e = T_e - T_{fg} \\ J_{fg} \ddot{\theta}_i = i_q T_{fg} - T_i \\ J_{c2} \dot{\omega}_i = T_i - T_{c2} \\ (J_A + J_{r1}) \dot{\omega}_A = T_A - T_{r1} \\ (J_{c1} + J_{r2}) \dot{\omega}_{c1} = T_{c1} + T_{r2} \\ T_{s1} + T_{s2} = 0 \\ T_{fg} = k_{fg}(\theta_e - i_q \theta_i) + c_{fg}(\dot{\theta}_e - i_q \dot{\theta}_i) \end{cases} \tag{6.28}$$

根据功率耦合机构的转速和转矩特性，行星齿轮排的转速关系式为

$$\begin{cases} K_1\omega_A - (1+K_1)\omega_{c1} = 0 \\ K_2\omega_{r2} - (1+K_2)\omega_1 = 0 \\ \omega_B = \omega_{s1} = \omega_{s2} = \omega_{s3} = 0 \end{cases} \quad （6.29）$$

行星齿轮排的转矩关系式为

$$\begin{cases} T_{s1} : T_{r1} : T_{c1} = 1 : K_1 : (-(1+K_1)) \\ T_{s2} : T_{r2} : T_{c2} = 1 : K_2 : (-(1+K_2)) \end{cases} \quad （6.30）$$

这里需要强调，机电复合传动系统在空挡到停车发电模式切换过程中，由于发动机的全程调速特性始终与电机 A 的转速特性相关联，控制器和执行器对发动机动态特性影响不容忽略，因此需要进一步细化发动机的转矩动态模型。而与空挡到机电驱动模式切换过程相比，电机 A 和电机 B 的转速动态特性与发动机转矩无关，因此无须强调发动机的转矩动态特性。

当发动机考虑采用 PI 控制器的全程调速模式时，其供油齿杆行程百分比可以表示为

$$\begin{aligned} L &= K_p\dot{e}_e + K_I e_e \\ &= K_p(\omega_r - \omega_e) + K_I\int(\omega_r - \omega_e)\mathrm{d}t \end{aligned} \quad （6.31）$$

式中，ω_r 为参考发动机转速；ω_e 为实际发动机转速；K_p 和 K_I 分别代表比例系数和积分系数。参考发动机外特性曲线，同时考虑油门执行器与发动机增压涡轮的迟滞特性，具有全程调速特性的发动机转矩动态方程为

$$T_e = \left(K_p(\omega_r - \omega_e) + K_I\int(\omega_r - \omega_e)\mathrm{d}t\right)\left(1 - e^{-\frac{t}{\tau_e}}\right)(a_1\omega_e + a_2\omega_e^2) \quad （6.32）$$

式中，τ_e 为发动机的转矩响应时间常数，这里取值 0.3；参数 a_1，a_2 根据发动机外特性数据拟合得到，并且满足 $a_1 > 0$，$a_2 < 0$。

针对电机 A 模型，将 T_A 转化为

$$T_A = T_{A\_ref}\left(1 - e^{-\frac{t}{\tau_A}}\right) \quad （6.33）$$

式中，T_{A_ref} 为电机 A 的参考转矩；τ_A 为电机 A 的转矩响应时间常数，这里取值 0.005。

联立以上公式，推导发动机的转速变化率表达式为

$$\begin{aligned} J_e\dot{\omega}_e = {} &\left(K_p(\omega_r - \omega_e) + K_I\int(\omega_r - \omega_e)\mathrm{d}t\right)\left(1 - e^{-\frac{t}{\tau_e}}\right)(a_1\omega_e + a^2\omega_e^2) - \\ &k_{fq}\left(\theta_e - \frac{K_1K_2}{(1+K_1)(1+K_2)}\theta_A\right) - c_{fq}\left(\dot{\theta}_e - \frac{K_1K_2}{(1+K_1)(1+K_2)}\dot{\theta}_A\right) \end{aligned} \quad （6.34）$$

推导电机 A 的转速变化率表达式为

$$\left(J_{A} - \frac{K_{1}^{2}(J_{r1} + J_{c2})}{(1+K_{1})^{2}} + \frac{K_{1}K_{2}J_{c1}}{(1+K_{1})(1+K_{2})}\right)\dot{\omega}_{A} = T_{A\_ref}\left(1 - e^{-\frac{t}{\tau_{A}}}\right) +$$

$$\frac{K_{1}K_{2}k_{fq}}{(1+K_{1})(1+K_{2})}\left(\theta_{e} - \frac{K_{1}K_{2}}{(1+K_{1})(1+K_{2})}\theta_{A}\right) + \frac{K_{1}K_{2}c_{fq}}{(1+K_{1})(1+K_{2})}\left(\dot{\theta}_{e} - \frac{K_{1}K_{2}}{(1+K_{1})(1+K_{2})}\dot{\theta}_{A}\right)$$

（6.35）

上述两公式是典型的非线性时变系统，理论上很难求得解析解，因此该系统的稳定性可以通过局部线性化并计算雅可比矩阵来分析，将平衡点移动到 ω_{r} 处

$$\omega_{r} - \omega_{e} = -\tilde{\omega}_{e}$$

（6.36）

同时忽略高阶无穷小项，得到

$$\begin{cases} \dot{\tilde{\omega}}_{e} = \frac{\left(-K_{p}\tilde{\omega}_{e} - K_{I}\int\tilde{\omega}_{e}dt\right)\left(1 - e^{-\frac{t}{\tau_{e}}}\right)(a_{1}\tilde{\omega}_{e} + a^{2}\tilde{\omega}_{e}^{2})}{J_{e}} - \frac{k_{fq}(\tilde{\theta}_{e} - K\tilde{\theta}_{A}) + c_{fq}(\dot{\tilde{\theta}}_{e} - K\dot{\tilde{\theta}}_{A})}{J_{e}} \\ \dot{\tilde{\omega}}_{A} = \frac{T_{A\_ref}\left(1 - e^{-\frac{t}{\tau_{A}}}\right) + k_{fq}K(\tilde{\theta}_{e} - K\tilde{\theta}_{A}) + c_{fq}K(\dot{\tilde{\theta}}_{e} - K\dot{\tilde{\theta}}_{MG1})}{J_{A}^{*}} \\ \dot{\tilde{e}}_{e} = -\tilde{\omega}_{e} \\ \dot{\tilde{\theta}}_{e} = \tilde{\omega}_{e} \\ \dot{\tilde{\theta}}_{A} = \tilde{\omega}_{A} \end{cases}$$

（6.37）

式中，$K = \dfrac{K_{1}K_{2}}{(1+K_{1})(1+K_{2})}$，$J_{A}^{*} = J_{A} - \dfrac{K_{1}^{2}(J_{r1} + J_{c2})}{(1+K_{1})^{2}} + \dfrac{K_{1}K_{2}J_{c1}}{(1+K_{1})(1+K_{2})}$。

针对非线性时变自治系统（6.37），取状态变量为 $\boldsymbol{x}(t) = (\tilde{\omega}_{e}, \tilde{\omega}_{A}, \tilde{e}_{e}, \tilde{\theta}_{e}, \tilde{\theta}_{A})^{T}$，则系统的雅可比矩阵可以推导为

$$J(\boldsymbol{x}) = \frac{\partial f(\boldsymbol{x})}{\partial \boldsymbol{x}}$$

$$= \begin{vmatrix} \dfrac{-K_{p}\left(1 - e^{-\frac{t}{\tau_{e}}}\right)(a_{1}\tilde{\omega}_{e} + a_{2}\tilde{\omega}_{e}^{2}) + (-K_{p}\tilde{\omega}_{e} + K_{I}\tilde{e}_{e})\left(1 - e^{-\frac{t}{\tau_{e}}}\right)(a_{1} + 2a_{2}\tilde{\omega}_{e}) - c_{fq}}{J_{e}} \\ \dfrac{c_{fq}K}{J_{A}^{*}} \\ -1 \\ 1 \\ 0 \end{vmatrix}$$

（6.38）

$$\begin{vmatrix} \dfrac{c_{fq}K}{J_e} & \dfrac{K_I\left(1-e^{-\frac{t}{\tau_e}}\right)(a_1\tilde{\omega}_e+a_2\tilde{\omega}_e^{\,2})}{J_e} & \dfrac{-c_{fq}}{J_e} & \dfrac{k_{fq}K}{J_e} \\[3mm] \dfrac{-c_{fq}K^2}{J_A^*} & 0 & \dfrac{k_{fq}K}{J_A^*} & \dfrac{-k_{fq}K^2}{J_A^*} \\[3mm] 0 & 0 & 0 & 0 \\[1mm] 0 & 0 & 0 & 0 \\[1mm] 1 & 0 & 0 & 0 \end{vmatrix}$$

在 $\boldsymbol{x}(t)=\boldsymbol{0}$ 处的表达式为

$$J(\boldsymbol{x})=\left.\frac{\partial f(\boldsymbol{x})}{\partial \boldsymbol{x}}\right|_{\boldsymbol{x}=0}=\begin{vmatrix} \dfrac{-c_{fq}}{J_e} & \dfrac{c_{fq}K}{J_e} & 0 & \dfrac{-k_{fq}}{J_e} & \dfrac{k_{fq}K}{J_e} \\[3mm] \dfrac{c_{fq}K}{J_A^*} & \dfrac{-c_{fq}K^2}{J_A^*} & 0 & \dfrac{k_{fq}K}{J_A^*} & \dfrac{-k_{fq}K^2}{J_A^*} \\[3mm] -1 & 0 & 0 & 0 & 0 \\[1mm] 1 & 0 & 0 & 0 & 0 \\[1mm] 0 & 1 & 0 & 0 & 0 \end{vmatrix} \tag{6.39}$$

分析上式可以发现，含有前述传动模型刚度和阻尼参数的雅可比矩阵第一行和第二行近似线性相关，说明在空挡到停车发电模式切换过程中，机电复合传动系统的稳定性不受前述传动模型中刚度和阻尼参数的影响，可以忽略。由此，在停车发电模式下，可以将机电复合传动系统简化为"发动机－齿轮副－发电机组模型"，如图 6.7 所示。

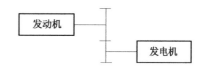

图 6.7　发动机－齿轮副－发电机组模型

基于简化模型，在从空挡到停车发电模式的切换过程中，机电复合传动系统的动力学模型可以表示为

$$\begin{cases} \dot{\omega}_e=\dfrac{\left(K_p(\omega_r-\omega_e)+K_I\int(\omega_r-\omega_e)\mathrm{d}t\right)\left(1-e^{-\frac{t}{\tau_e}}\right)(a_1\omega_e+a_2\omega_e^{\,2})-T_{A\_ref}\left(1-e^{-\frac{t}{\tau_A}}\right)i}{J_e} \\[4mm] \dot{e}_e=\omega_r-\omega_e \end{cases} \tag{6.40}$$

式中，i 代表发动机和发电机之间的齿轮副传动比。同样的，上式是典型的非线性时变系统，理论上很难求得解析解，因此该系统的稳定性可以通过局部线性化并计算雅可比矩阵来分析。将上式的平衡点移动到 ω_r 处，同时忽略高阶无穷小项，得到

$$\begin{cases} \dot{\tilde{\omega}}_e = \dfrac{\left(-K_p\tilde{\omega}_e - K_I\int\tilde{\omega}_e dt\right)\left(1-e^{-\frac{t}{\tau_e}}\right)(a_1\tilde{\omega}_e + a^2\tilde{\omega}_e^2) - T_{A\_ref}\left(1-e^{-\frac{t}{\tau_A}}\right)i}{J_e} \\ \dot{\tilde{e}}_e = -\tilde{\omega}_e \end{cases} \tag{6.41}$$

在 $\boldsymbol{x}(t) = \boldsymbol{0}$ 处雅可比矩阵的表达式为

$$J = \frac{\partial f(\boldsymbol{x})}{\partial \boldsymbol{x}}$$

$$= \begin{bmatrix} \dfrac{\left(-K_p\tilde{\omega}_e - K_I\int\tilde{\omega}_e dt\right)(a_1 + 2a_2\tilde{\omega}_e)}{J_e} - \dfrac{K_p(a_1\tilde{\omega}_e + a_2\tilde{\omega}_e^2)}{J_e} & -\dfrac{K_I(a_1\tilde{\omega}_e + a_2\tilde{\omega}_e^2)}{J_e} \\ -1 & 0 \end{bmatrix}_{\tilde{\omega}_e=0,\tilde{e}_e=0}$$

$$= \begin{bmatrix} 0 & 0 \\ -1 & 0 \end{bmatrix} \tag{6.42}$$

$\tilde{\omega}_e$ 所对应的雅可比矩阵特征值为零，因此该时变非线性系统无法通过局部线性化的方法分析其稳定性。借助中心流形定理，对状态变量 $\boldsymbol{x} = (\tilde{e}_e, \tilde{\omega}_e)^T$ 进行矩阵变化

$$\begin{bmatrix} \boldsymbol{x} \\ \boldsymbol{y} \end{bmatrix} = T\begin{bmatrix} \tilde{e}_e \\ \tilde{\omega}_e \end{bmatrix} \tag{6.43}$$

然后，构造函数 $\boldsymbol{y} = h(\boldsymbol{x})$ 的表达式为

$$h(\boldsymbol{x}) = b_0 + b_1\tilde{\omega}_e + b_2\tilde{\omega}_e^2 + [\tilde{\omega}_e^3] \tag{6.44}$$

根据条件约束方程以及边界约束条件，求得系数分别为

$$b_0 = b_1 = 0, b_2 = \frac{J_e}{2T_{A\_ref}i}\frac{\left(1-e^{-\frac{t}{\tau_e}}\right)}{\left(1-e^{-\frac{t}{\tau_A}}\right)} \tag{6.45}$$

最后，基于以上推导，非线性时变系统第一项可以转化为

$$\dot{\tilde{\omega}}_e = -\frac{T_{A\_ref}i}{J_e}\left(1-e^{-\frac{t}{\tau_A}}\right) - \frac{K_p a_1}{J_e}\left(1-e^{-\frac{t}{\tau_e}}\right)\tilde{\omega}_e^2 + \left(\frac{-K_p a_2}{J_e} - \frac{K_I a_1}{2T_{A\_ref}i}\frac{\left(1-e^{-\frac{t}{\tau_e}}\right)}{\left(1-e^{-\frac{t}{\tau_A}}\right)}\right)\left(1-e^{-\frac{t}{\tau_e}}\right)\tilde{\omega}_e^3 \tag{6.46}$$

分析公式（6.46）可以发现，$-\dfrac{T_{A\_ref}i}{J_e}\left(1-e^{-\frac{t}{\tau_A}}\right)$ 有界，不影响系统的稳定性。$\tilde{\omega}_e^2$ 与 $\tilde{\omega}_e^3$ 项前面的系数符号决定着系统的稳定性。根据发动机及其调速

器的物理特性，上述参数需满足

$$a_1 > 0, \quad a_2 < 0, \quad K_p > 0, \quad K_I > 0$$

因此 $-\dfrac{K_p a_1}{J_e}$ 为负数，$-\dfrac{K_p a_1}{J_e}\left(1-\mathrm{e}^{-\frac{t}{\tau_e}}\right)\tilde{\omega}_e^2$ 项收敛；$\left(\dfrac{-K_p a_2}{J_e}-\dfrac{K_I a_1}{2T_{A\_ref}i}\left(\dfrac{1-\mathrm{e}^{-\frac{t}{\tau_e}}}{1-\mathrm{e}^{-\frac{t}{\tau_A}}}\right)\right)\cdot$

$\left(1-\mathrm{e}^{-\frac{t}{\tau_e}}\right)\tilde{\omega}_e^3$ 项的符号取决于 $\left(\dfrac{-K_p a_2}{J_e}-\dfrac{K_I a_1}{2T_{A\_ref}i}\left(\dfrac{1-\mathrm{e}^{-\frac{t}{\tau_e}}}{1-\mathrm{e}^{-\frac{t}{\tau_A}}}\right)\right)$ 的符号，为保证系统的稳

定性，需满足

$$\frac{K_I a_1\left(1-\mathrm{e}^{-\frac{t}{\tau_e}}\right)}{2T_{MG\_r}i\left(1-\mathrm{e}^{-\frac{t}{\tau_A}}\right)} > \frac{-K_p a_2}{J_e} \tag{6.47}$$

当时间 t 满足 $t \to 0$ 时

$$\frac{K_I a_1 \tau_e}{2T_{MG\_r}i\tau_A} > \frac{-K_p a_2}{J_e} \tag{6.48}$$

上式是保证由空挡转换为停车发电模式切换过程稳定性的必要条件。否则，机电复合传动系统容易出现失稳。

6.3.3 仿真结果分析

根据上节的理论分析，为了验证稳定性判定条件中几个关键参数对机电复合传动系统由空挡到停车发电模式切换过程的稳定性影响，本节将基于仿真平台开展数值仿真分析与验证。仿真条件设置见表 6.1。

表 6.1 仿真条件设置

参数	单位	取值范围
发动机参考转速	r/min	800, 1 000, 1 200, 1 500
发动机时间常数与发电机时间常数比		0.2, 1, 60
制动器缓冲时间常数	s	0.001, 0.5
发电机参考转矩	N·m	500, 1 100

空挡到停车发电模式切换过程各部件的操作顺序为：0 ~ 10 s，机电复合传动系统处于空挡模式，发动机进入全程调速模式；在第 10 s 时，接合制动器 BK；在第 18 s 时，发电机给定参考转矩，并开始产生电功率，机电复合传动

系统进入停车发电模式。从图 6.8（a）~（c）的仿真结果可以看出，当给定发电机载荷较大且阶跃载荷上升时间较快，发动机初始工作转速低于 1 500 r/min 时，由空挡转换为停车发电模式，机电复合传动系统会出现失稳，表现为发动机停机，发动机的转速和转矩均为零；图 6.8（d）的仿真结果说明，当给定条件不变且发动机初始工作转速上调到 1 500 r/min 时，由空挡转换为停车发电模式机电复合传动系统工作正常，且有效地避免了模式切换过程中失稳现象的发生，保证了系统工作的稳定性。

依据图 6.8（a）~（c）切换过程失稳现象发生的原因，图 6.9（a）~（c）的仿真结果说明，当给定条件不变，通过降低发电机阶跃载荷幅值（由 1 100 N·m 下调到 500 N·m），发动机初始工作转速低于 1 500 r/min 时，由空挡转换为停车发电模式，机电复合传动系统的工作能够恢复正常，避免了失稳现象的发生。

图 6.10（c）的仿真结果表明，当给定条件不变，通过综合控制延长电机转矩响应时间（约等于发动机转矩响应时间），发动机初始工作转速在 1 200 r/min 时，保证了由空挡转换为停车发电模式机电复合传动系统工作的稳定性；图 6.10（a）和（b）的仿真结果表明，该仿真条件下发动机初始转速低于 1 200 r/min 时，仍旧无法避免模式切换过程中的失稳现象。因此，通过进一步控制延长电机转矩响应时间（约等于发动机转矩响应时间的 10 倍），对比图 6.10 和图 6.11 的仿真结果，当给定条件不变，发动机初始工作转速低于 1 200 r/min 时，有效地避免了模式切换过程中的失稳现象。其中，通过对比图 6.10（c）和图 6.11（c）可以发现，进一步控制延长电机转矩响应时间，发动机初始工作转速在 1 200 r/min 时，在保证系统稳定的前提下，同时可大幅降低过渡工程作用在发动机轴上的动载荷，改善系统工作的平顺性。

影响空挡至停车充电模式平稳性的另一个环节是制动器 BK 的缓冲特性。通过对比图 6.12 和图 6.9 的仿真结果可以发现：给定条件相同，当制动器缓冲时间常数较小时，发动机与发电机轴上的动载荷波动范围较大；当制动器缓冲时间常数较大时，发动机与发电机轴上的动载荷波动范围较小。因此，制动器的缓冲特性不改变发动机的工作稳定性，但是极大地影响发动机与发电机轴上的动载荷，从而影响机电复合传动系统的寿命。

综上所述，基于中心流形定理推导出的模式切换稳定性判定条件，通过调整发动机初始工作转速、发电机给定转矩和发电机的转矩响应时间可保证机电复合传动系统在空挡到停车发电模式切换过程中的稳定性，有效地避免模式切换失稳现象的发生；通过调整制动器的缓冲时间常数，可控制发动机和发电机轴上的动载荷，进而改善系统工作的平顺性。

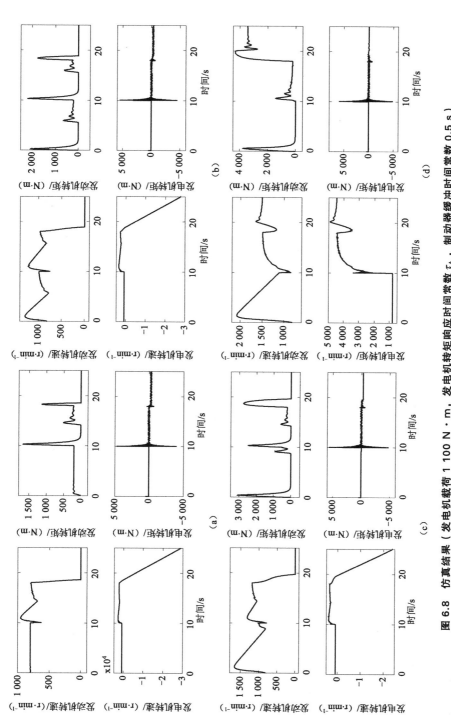

图 6.8　仿真结果（发电机载荷 1 100 N·m，发电机转矩响应时间常数 τ_A，制动器缓冲时间常数 0.5 s）
（a）发动机参考转速 800 r/min；（b）发动机参考转速 1 000 r/min；（c）发动机参考转速 1 200 r/min；（d）发动机参考转速 1 500 r/min

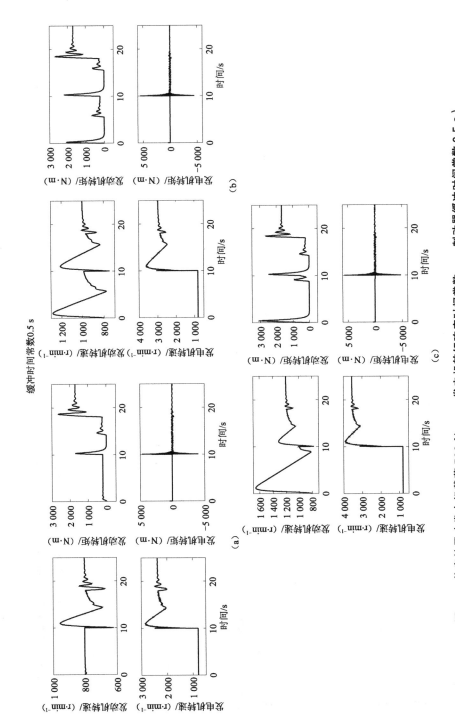

图 6.9　仿真结果（发电机载荷 500 N·m，发电机转矩响应时间常数 τ_A，制动器缓冲时间常数 0.5 s）
（a）发动机参考转速 800 r/min；（b）发动机参考转速 1 000 r/min；（c）发动机参考转速 1 200 r/min

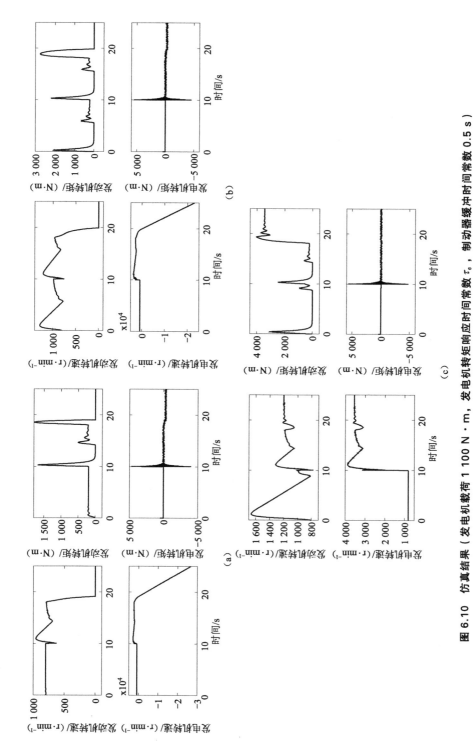

图 6.10　仿真结果（发电机载荷 1 100 N·m，发电机转矩响应时间常数 τ_e，制动器缓冲时间常数 0.5 s）
（a）发动机参考转速 800 r/min；（b）发动机参考转速 1 000 r/min；（c）发动机参考转速 1 200 r/min

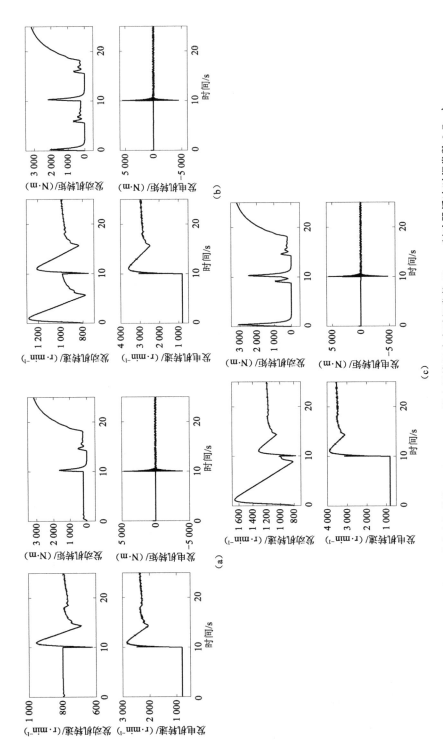

图 6.11 仿真结果（发电机载荷 1 100 N·m，发电机转矩响应时间常数 10τ_e，制动器缓冲时间常数 0.5 s）

（a）发动机参考转速 800 r/min；（b）发动机参考转速 1 000 r/min；（c）发动机参考转速 1 200 r/min

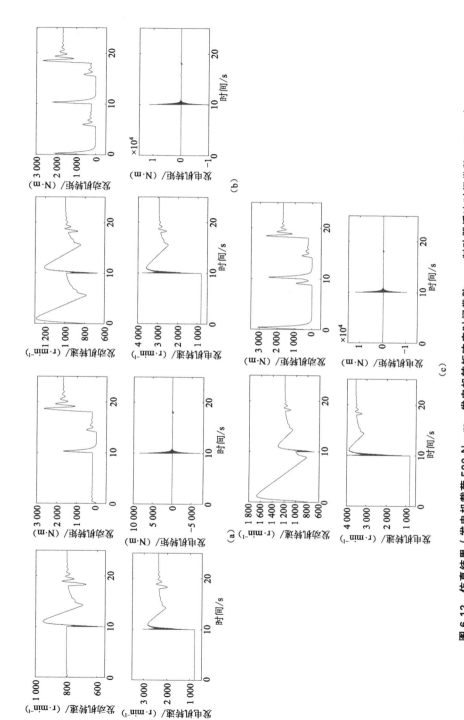

图 6.12　仿真结果（发电机载荷 500 N·m，发电机转矩响应时间常数 τ_A，制动器缓冲时间常数 0.001 s）
（a）发动机参考转速 800 r/min；（b）发动机参考转速 1 000 r/min；（c）发动机参考转速 1 200 r/min

6.4 本章小结

针对机电复合传动的多种工作模式，本章开展了模式切换稳定性分析与研究工作：

（1）在考虑弹性联轴器的刚度和阻尼的前提下，分别建立了机电驱动到机械驱动、机电驱动到纯电驱动以及机械驱动到纯电驱动模式切换过程中的线性时不变动力学方程，在此基础上推导切换过程的状态空间表达式，并基于李雅普诺夫定理分析了系统矩阵的特征值分布及其稳定性特征。仿真结果表明：当车辆采用机电复合传动方案后，机电驱动模式、机械驱动模式与纯电驱动模式间的模式切换可以实现平滑过渡，使车辆在模式切换前后不发生失稳现象，同时保持良好的驱动性能。

（2）针对空挡到停车发电模式切换过程，通过细化具有全程调速特性的发动机转矩动态方程，将机电复合传动描述成一个典型的非线性时变系统。采用局部线性化的方法推导该非线性时变系统的雅可比矩阵，通过分析发现，模式切换过程的稳定性不受前述传动模型中刚度和阻尼参数的影响，因此在停车发电模式下将系统简化为"发动机－齿轮副－发电机组"模型。

（3）为了解决线性化失效时李雅普诺夫定理无法判定平衡点稳定性的问题，基于中心流形定理推导了空挡到停车发电模式切换过程的稳定域。通过稳定性影响因素分析发现，在发动机初始工作转速小于 1 500 r/min，给定发电机载荷较大以及阶跃载荷上升时间较快的情况下，机电复合传动在模式切换过程中会出现失稳现象，表现为发动机停机。基于稳定性影响因素的分析结果，提出了机电复合传动控制失稳的技术措施：采用上调发动机初始工作转速、降低发电机给定转矩或者延长发电机转矩响应时间的方法，能够有效地避免模式切换失稳现象的发生，保证模式切换的稳定性；通过延长发电机转矩响应时间常数和制动器的缓冲时间常数，可降低发动机和发电机轴上的动载荷，进而改善系统工作的平顺性。

第 7 章

基于等效模型的机电复合传动系统
换段过程转矩协调控制策略研究

|7.1　机电复合传动系统等效模型|

借鉴目前大多数参考文献针对混联式 HEV 模式切换控制以"忽略功率耦合机构所导致的复杂耦合关系，以单条功率传递通路为主，各动力源的功率和惯量通过线性叠加计算"的研究思路，本节先将机电复合传动系统发动机和两个电机的转矩关系进行解耦，转化为直接作用在离合器主动端与被动端的等效转矩；在保证符合原系统耦合关系的前提下，将复杂的功率耦合机构模型解耦为围绕离合器主、被动端的等效模型，简化了模式切换过程的机理分析，同时也为后文模式切换控制策略的研究和设计提供了更加简洁和有效的途径。

图 7.1 展示了机电复合传动系统复杂模型及其等效模型的拓扑结构。其中，J_1 为各部件等效到轴 1 的转动惯量，J_2 为各部件等效到轴 2 的转动惯量，ω_1 为离合器主动端和轴 1 的转速，ω_2 为离合器被动端和轴 2 的转速，T_1 为各动力元件等效到轴 1 的转矩，T_2 为各动力元件等效到轴 2 的转矩，T_{f1}，T_{f2} 分别为轴 1 和轴 2 承受来自路面负载的阻力矩。

下面来推导图 7.1（a）复杂模型和图 7.1（b）等效模型之间转矩和惯量的等效关系。参考基于键合图理论的功率耦合机构模型，以离合器主、被动端为研究主体，根据图 7.1（a）推导机电复合传动系统在离合器接合过程中的动力学方程。

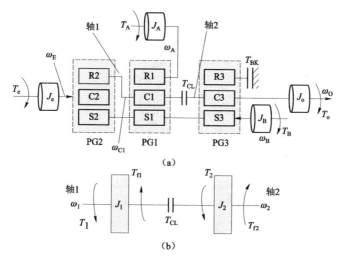

图 7.1　机电复合传动系统复杂模型及其等效模型的拓扑结构

（a）复杂模型；（b）等效模型

离合器主动端的动力学方程：

$$(J_{c1} + J_{r2})\dot{\omega}_{c1} = T_{c1} + T_{r2} - T_{CL} \tag{7.1}$$

离合器被动端的动力学方程：

$$(J_o + J_{c3})\dot{\omega}_o = T_{CL} + T_{c3} - T_f \tag{7.2}$$

式中，行星架 C1 的转速等于离合器主动端的转速，即 $\omega_1 = \omega_{c1}$；输出轴的转速等于离合器被动端的转速，即 $\omega_2 = \omega_o$。

发动机、电机 A 和电机 B 的转速变化率为

$$\begin{cases} (i_q^2 J_e + J_{fq} + J_{c2})\dot{\omega}_e / i_q = i_q T_e - T_{c2} \\ (J_A + J_{r1})\dot{\omega}_A = T_A - T_{r1} \\ (J_B + J_{s1} + J_{s2} + J_{s3})\dot{\omega}_B = T_B - T_{s1} - T_{s2} - T_{s3} \end{cases} \tag{7.3}$$

各部件的转速关系式为

$$\begin{cases} \omega_B + K_1\omega_A - (1 + K_1)\omega_{c1} = 0 \\ \omega_B + K_2\omega_{r2} - (1 + K_2)\omega_e / i_q = 0 \\ \omega_B - (1 + K_3)\omega_o = 0 \\ \omega_{c1} - \omega_{r2} = 0 \end{cases} \tag{7.4}$$

各部件的转矩关系式为

$$\begin{cases} T_{s1} : T_{r1} : T_{c1} = 1 : K_1 : (-(1 + K_1)) \\ T_{s2} : T_{r2} : T_{c2} = 1 : K_2 : (-(1 + K_2)) \\ T_{s3} : T_{r3} : T_{c3} = 1 : K_3 : (-(1 + K_3)) \end{cases} \tag{7.5}$$

综合公式，推导离合器主动端的转矩关系式为

$$\left[(J_{c1}+J_{r2})\dot{\omega}_1 - \left(\frac{1+K_1}{K_1}(J_A+J_{r1})\frac{1+K_1}{K_1} \right)\dot{\omega}_1 - \left(\frac{K_2}{1+K_2}(i_q^2 J_e + J_{fq} + J_{c2})\frac{K_2}{1+K_2} \right)\dot{\omega}_1 \right] +$$

$$\left[\frac{1+K_1}{K_1}(J_A+J_{r1})\frac{\dot{\omega}_B}{K_1} - \frac{K_2}{1+K_2}(i_q^2 J_e + J_{fq} + J_{c2})\frac{\dot{\omega}_B}{1+K_2} \right] = -\frac{K_2 i_q}{1+K_2}T_e - \frac{1+K_1}{K_1}T_A - T_{CL}$$

（7.6）

由于行星排内部的惯量相比于发动机惯量和电机惯量较小，可以忽略，所以上式可以简化为

$$\left[-\left(\frac{1+K_1}{K_1} \right)^2 J_A - \left(\frac{K_2}{1+K_2} \right)^2 i_q^2 J_e \right]\dot{\omega}_{c1} + \left[\frac{1+K_1}{K_1^2}J_A - \frac{K_2 i_q^2}{(1+K_2)^2}J_e \right]\dot{\omega}_B$$

$$= -\frac{K_2 i_q}{1+K_2}T_e - \frac{1+K_1}{K_1}T_A - T_{CL}$$

（7.7）

由上面的公式可知

$$\omega_B = (1+K_3)\omega_{c2}$$

因此可以转化为

$$\left[-\left(\frac{1+K_1}{K_1} \right)^2 J_A - \left(\frac{K_2}{1+K_2} \right)^2 i_q^2 J_e \right]\dot{\omega}_{c1} + \left[\frac{1+K_1}{K_1^2}J_A - \frac{K_2 i_q^2}{(1+K_2)^2}J_e \right](1+K_3)\dot{\omega}_{c2} =$$

$$-\frac{K_2 i_q}{1+K_2}T_e - \frac{1+K_1}{K_1}T_A - T_{CL}$$

（7.8）

综合以上公式，忽略行星排内部的惯量，推导出离合器被动端的转矩关系式为

$$\left(J_o - J_B(1+K_3)^2 - \left(\frac{1+K_3}{K_1} \right)^2 J_A - \left(\frac{1+K_3}{1+K_2} \right)^2 i_q^2 J_e \right)\dot{\omega}_{c2} +$$

$$\left(\frac{(1+K_3)(1+K_1)}{K_1^2}J_A - \frac{K_2(1+K_3)i_q^2}{(1+K_2)^2}J_e \right)\dot{\omega}_{c1} = T_{CL} - (1+K_3)T_B + \frac{1+K_3}{K_1}T_A - \frac{(1+K_3)i_q}{1+K_2}T_e - T_f$$

（7.9）

联立上述两式，进一步整理得到

$$(ad-bc)\dot{\omega}_{c1} = \left(-\frac{K_2 d}{1+K_2} + \frac{b(1+K_3)}{1+K_2} \right)i_q T_e +$$

$$\left(-\frac{1+K_1}{K_1}d - \frac{b(1+K_3)}{K_1} \right)T_A + b(1+K_3)T_B + (-d-b)T_{CL} + bT_f$$

（7.10）

$$(bc-ad)\dot{\omega}_{c2} = \left(\frac{a(1+K_3)}{1+K_2} - \frac{K_2 c}{1+K_2} \right)i_q T_e +$$

$$\left(-\frac{1+K_1}{K_1}c - \frac{a(1+K_3)}{K_1} \right)T_A + a(1+K_3)T_B + (-c-a)T_{CL} + aT_f$$

式中，转动惯量系数 a、b、c 和 d 的表达式分别为

$$\begin{cases} a = \left[-\left(\dfrac{1+K_1}{K_1}\right)^2 J_A - \left(\dfrac{K_2}{1+K_2}\right)^2 i_q^2 J_e \right] \\[2ex] b = \left[\dfrac{1+K_1}{K_1^2} J_A - \dfrac{K_2 i_q^2}{(1+K_2)^2} J_e \right](1+K_3) \\[2ex] c = \left(\dfrac{(1+K_3)(1+K_1)}{K_1^2} J_A - \dfrac{K_2(1+K_3)}{(1+K_2)^2} i_q^2 J_e \right) \\[2ex] d = \left(J_o - J_B(1+K_3)^2 - \left(\dfrac{1+K_3}{K_1}\right)^2 J_A - \left(\dfrac{1+K_3}{1+K_2}\right)^2 i_q^2 J_e \right) \end{cases}$$

因此，机电复合传动系统在离合器接合过程的动力学方程包含了发动机转矩、电机 A 转矩、电机 B 转矩、离合器转矩和负载转矩。可以看出，机电复合传动系统中发动机和两个电机通过与功率耦合机构连接形成了复杂的耦合关系，动力学方程的强耦合特征更加明显。

根据图 7.1（b），机电复合传动系统等效模型的动力学方程为

$$J_1\dot{\omega}_1(t) = T_1(t) - T_{f1}(t) - T_{CL}(t)$$
$$J_2\dot{\omega}_2(t) = T_2(t) + T_{CL}(t) - T_{f2}(t)$$

（7.11）

通过对比，图 7.1（a）和图 7.1（b）的转矩和惯量的等效关系为

$$\frac{\left(-\dfrac{K_2 d}{1+K_2} + \dfrac{b(1+K_3)}{1+K_2}\right) i_q T_e + \left(-\dfrac{1+K_1}{K_1} d - \dfrac{b(1+K_3)}{K_1}\right) T_A + b(1+K_3) T_B}{ad - bc} = \frac{T_1(t)}{J_1}$$

$$\frac{(-d-b)}{(ad-bc)} T_{CL} = \frac{-1}{J_1} T_{CL}(t)$$

$$\frac{b T_f}{(ad-bc)} = \frac{-T_{f1}(t)}{J_1}$$

$$\frac{\left(\dfrac{a(1+K_3)}{1+K_2} - \dfrac{K_2 c}{1+K_2}\right) i_q T_e + \left(-\dfrac{1+K_1}{K_1} c - \dfrac{a(1+K_3)}{K_1}\right) T_A + a(1+K_3) T_B}{bc - ad} = \frac{T_2(t)}{J_2}$$

$$\frac{(-c-a) T_{CL}}{bc - ad} = \frac{1}{J_2} T_{CL}(t)$$

$$\frac{a T_f}{bc - ad} = \frac{-T_{f2}(t)}{J_2}$$

（7.12）

7.2 面向离合器接合过程的动态方程

参考第 2 章离合器模型和上文建立的机电复合传动系统等效模型，针对离合器的工作状态模式切换过程可分为：

（1）离合器同步阶段。通过电机对离合器实行主动调速，减小离合器主、被动端的速差到给定的阈值，使系统快速达到模式切换的条件。此阶段离合器摩擦转矩为 0，其动力学方程为

$$\begin{cases} J_1\dot{\omega}_1(t) = T_1(t) - T_{f1}(t) \\ J_2\dot{\omega}_2(t) = T_2(t) - T_{f2}(t) \end{cases} \tag{7.13}$$

（2）离合器滑摩阶段。当离合器主、被动端的速差小于给定的阈值后，离合器进入滑摩阶段并产生摩擦转矩。该阶段是协调发动机转矩、电机转矩和离合器转矩的重要阶段，其动力学方程为

$$\begin{cases} J_1\dot{\omega}_1(t) = T_1(t) - T_{CL}(t) - T_{f1}(t) \\ J_2\dot{\omega}_2(t) = T_2(t) + T_{CL}(t) - T_{f2}(t) \end{cases} \tag{7.14}$$

（3）离合器锁止阶段。当离合器主、被动端的速差为零时，离合器接合过程完成并进入锁止阶段，其动力学方程为

$$(J_1 + J_2)\dot{\omega}_m(t) = T_1(t) + T_2(t) - T_{f1}(t) - T_{f2}(t) \tag{7.15}$$

式中，ω_m 为离合器锁止阶段主、被动端的共同转速。此时离合器转矩 $T_{CL}(t)$ 表达式可由驱动系统的动态特性得到，即

$$T_{CL}(t) = \frac{J_2}{J_1 + J_2}T_1(t) - \frac{J_1}{J_1 + J_2}T_2(t) - \frac{J_2}{J_1 + J_2}T_{f1}(t) + \frac{J_1}{J_1 + J_2}T_{f2}(t) \tag{7.16}$$

7.3 基于模型预测和控制分配的转矩协调控制策略研究

7.3.1 模型预测控制

模型预测控制（Model Predictive Control，MPC）是一种基于求解在线最优化控制问题的算法，适用于控制不易建立精确数字模型且比较复杂的工作

生产过程。MPC 的基本原理如图 7.2 所示，在当前采样时刻 k，以当前时刻的状态作为初始状态，通过系统模型预测在 $[k, k+N]$ 时间段的动态行为；考虑当前和未来的约束并基于性能指标函数，在线求解一个开环的最优控制问题，得到 $[k, k+M]$ 时间段的最优控制输入序列；由于外部干扰和模型不确定性，将最优控制输入序列的第一个分量作用于系统；在下一个采样时刻 $k+1$，以新得到的测量值为初始条件重复上述过程，同时将预测时域 N 和控制时域 M 向前推移。由此可以看出，MPC 的优化过程不是一次离线进行的，而是采用时间向前滚动式的有限时域优化策略，因此 MPC 也称为滚动时域控制。

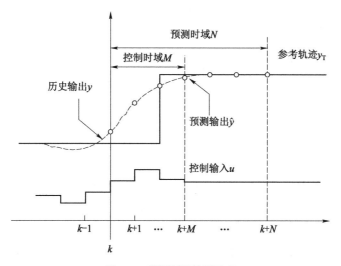

图 7.2　模型预测控制原理

MPC 目前多采用状态空间模型。考虑如下线性离散时间模型：

$$\begin{cases} x(k+1) = Ax(k) + Bu(k) \\ y(k) = Cx(k) \end{cases} \tag{7.17}$$

式中，$x(k) \in R^n$ 为状态变量，$u(k) \in R^m$ 为控制变量，$y(k) \in R^p$ 为输出变量。

通过引入以下的开环最优化问题来构造一个滚动时域控制形式：

$$J_{(N, M)}(x_0) = \min_u \left[x^T(n)P_0x(n) + \sum_{i=0}^{N-1} x^T(k)Qx(k) + \sum_{i=0}^{M-1} u^T(k)Ru(k) \right]$$

$$s.t.\ x(k+i+1|k) = Ax(k+i|k) + Bu(k+i|k),\ i = 1, \cdots, N-2$$

$$x(k|k) = x(k) \tag{7.18}$$

$$x(k+i|k) \in X,\ i = 1, \cdots, N-1$$

$$u(k+i|k) \in R,\ i = 1, \cdots, N-1$$

式中，Q，R 为权重矩阵，X，R 分别为包含原点在内的系统状态和控制输入的可行解集合。通过求解线性离散时间模型得到最优控制输入序列 $\boldsymbol{u}^*_{(N,\ M)}(i|\boldsymbol{x}(k))$，$i = 0$，$\cdots$，$M-1)$，选取该序列第一个元素 $\boldsymbol{u}^*_{(N,\ M)}(0|\boldsymbol{x}(k))$ 作为输入量作用于系统，舍弃其他元素。新的状态 $\boldsymbol{x}(k+1)$ 作为下一步优化计算的初始值，然后再次计算一个优化解，得到最优控制序列，仅应用第一个元素得到新的状态变量，通过这样不断地反复在线优化，直至完成控制目标。

MPC 的优势在于通过考虑时域约束，在线预测被控对象的性能，并通过最优控制来处理多个目标。因此，MPC 可以预见和消除前馈和反馈扰动的影响。随着计算机硬件处理能力的快速发展，在要求快速响应的混合动力系统中，MPC 已成为颇具吸引力的反馈控制策略。

7.3.2 过驱动系统控制分配

为了方便后文对控制器的设计，这里对系统的变量进行规范化的定义和处理。选取状态量为 $x_1(t) = \omega_1(t)$，$x_2(t) = \omega_2(t)$；输入量为 $T_1(t) = u_1(t)$，$T_2(t) = u_2(t)$，$T_{CL}(t) = u_3(t)$；输出量为 $y_1(t) = x_1(t)$，$y_2(t) = x_2(t)$；负载扰动量为 $d_1(t) = T_{f1}(t)$，$d_2(t) = T_{f2}(t)$。这里需要注意，由于系统输出量可直接由控制量得到，中间并没有经过状态量，而在采用模型预测控制算法过程中控制量又是由优化输出量反馈得到，由于计算的时序性，为了避免在线优化过程中出现死锁现象和代数环问题，分别在离合器主、被动端引入参数 b_1 和 b_2 作为轴1和轴2的阻尼系数。阻尼系数 b_1 和 b_2 非常小，相比于路面负载转矩对轴1和轴2的影响可忽略不计，因此，模式切换过程中离合器滑摩阶段的状态空间表达式为

$$\begin{cases} \dot{\boldsymbol{x}} = \boldsymbol{Ax} + \boldsymbol{Bu} + \tilde{\boldsymbol{B}}\boldsymbol{d} \\ \boldsymbol{y} = \boldsymbol{Cx} \end{cases} \tag{7.19}$$

式中，$\boldsymbol{x} = [x_1(t) \quad x_2(t)]^T$，$\boldsymbol{u} = [u_1(t) \quad u_2(t) \quad u_3(t)]^T$，$\boldsymbol{y} = [y_1(t) \quad y_2(t)]^T$，

$\boldsymbol{d} = [d_1(t) \quad d_2(t)]^T$，$\boldsymbol{A} = \begin{bmatrix} -\dfrac{b_1}{J_1} & 0 \\ 0 & -\dfrac{b_2}{J_2} \end{bmatrix}$，$\boldsymbol{B} = \begin{bmatrix} \dfrac{1}{J_1} & 0 & -\dfrac{1}{J_1} \\ 0 & \dfrac{1}{J_2} & \dfrac{1}{J_2} \end{bmatrix}$，$\tilde{\boldsymbol{B}} = \begin{bmatrix} -\dfrac{1}{J_1} & 0 \\ 0 & -\dfrac{1}{J_2} \end{bmatrix}$，

$\boldsymbol{C} = \begin{bmatrix} 1 & 0 \\ 0 & 1 \end{bmatrix}$。

控制量约束为

$$\begin{cases} u_{1\min}(t) \leqslant u_1(t) \leqslant u_{1\max}(t) \\ u_{2\min}(t) \leqslant u_2(t) \leqslant u_{2\max}(t) \\ u_{3\min}(t) \leqslant u_3(t) \leqslant u_{3\max}(t) \end{cases} \tag{7.20}$$

由于控制输入 $\boldsymbol{u}$ 的维数严格大于输出 $\boldsymbol{y}$ 的维数，因此滚动时域控制形式是一个控制受限且存在控制冗余的过驱动系统。针对过驱动系统的控制问题，目前多采用基于控制分配的模块化分层设计思路，将控制器与控制分配分离设计，如图 7.3 所示。将过驱动控制系统设计过程模块化，分为上层控制器输出虚拟控制指令、中层控制量分配和下层执行器控制输出。控制分配的优势在于在不改变上层控制算法的基础上，通过考虑当前时刻的约束来实现控制重构，同时不改变闭环系统的性能。

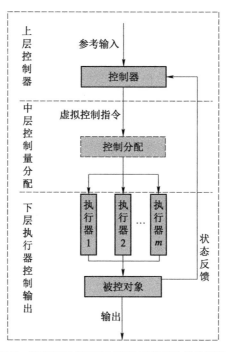

图 7.3　基于控制分配的过驱动系统模块化分层设计

根据控制分配的思想，这里引入虚拟控制指令 $\boldsymbol{v} = [v_1 \; v_2]^\mathrm{T}$，$v_1$，$v_2$ 分别表示作用在轴 1 和轴 2 的虚拟转矩，因此实际控制量和虚拟控制指令之间的关系为

$$\boldsymbol{v} = \boldsymbol{B}_u \boldsymbol{u} \tag{7.21}$$

式中，$\boldsymbol{B}_u = \begin{bmatrix} 1 & 0 & -1 \\ 0 & 1 & 1 \end{bmatrix}$，因此控制矩阵 $\boldsymbol{B}$ 可分解为

$$B = B_v B_u \qquad (7.22)$$

式中，$B_v = \begin{bmatrix} \dfrac{1}{J_1} & 0 \\ 0 & \dfrac{1}{J_2} \end{bmatrix}$，则离合器滑摩阶段的状态空间表达式所对应的等价状态空间描述为

$$\dot{x} = Ax + B_v v + \tilde{B} d$$
$$s.t. \quad v_{min} \leqslant v \leqslant v_{max} \qquad (7.23)$$

式中 $v_{min} = [u_{1min} - u_{3min} \quad u_{2min} + u_{3min}]^T$，$v_{max} = [u_{1max} - u_{3max} \quad u_{2max} + u_{3max}]^T$。针对本书模式切换过程中存在的过驱动问题，过驱动控制器的设计可基于模型预测控制算法协调控制转矩，降低离合器摩擦转矩不连续对系统所造成的冲击，保证模式切换过程的平稳过渡；基于最优虚拟控制指令，控制分配方法可调整控制转矩的权重关系，实现机电复合传动系统在动力性能方面和离合器滑摩功方面折中的效果。

基于模型预测和控制分配的模式切换转矩协调控制策略如图 7.4 所示。首先模型预测控制器根据参考转速 ω_{ref} 和实际转速 ω_{act} 求解出最优虚拟控制指令 v；然后控制分配针对最优虚拟控制指令 v 进行分配，求解得到的实际控制转矩 u 与外界扰动 d 共同作用于车辆，保证车辆的正常行驶。

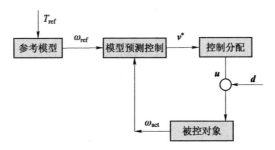

图 7.4　基于模型预测和控制分配的模式切换转矩协调控制策略

7.3.3　参考模型

为了实现模式切换过程的平稳过渡，我们引入参考模型来实现模式切换过程的期望性能。选取模式切换后的动态模型作为参考模型，离合器处于锁止阶段即主、被动端的速差为零，系统由等效转矩 T_1 和 T_2 驱动，使得被动对象的实际输出量跟踪参考模型的状态量。参考模型的动力学方程为

$$(J_1 + J_2)\dot{\omega}_{ref}(t) = T_{ref}(t) - (b_1 + b_2)\omega_m(t) - T_{f1}(t) - T_{f2}(t) \qquad (7.24)$$

式中，ω_{ref} 为参考转速，$T_{\text{ref}}(t)$ 为参考转矩，且 $T_{\text{ref}}(t) = T_1(t) + T_2(t)$。

7.3.4　模型预测控制器设计

本书采用离散时间的模型预测算法，设采样时间间隔为 τ_{s}，则离合器滑摩阶段状态方程的离散形式为

$$x_{\text{d}}(k+1) = A_{\text{d}}x_{\text{d}}(k) + B_{\text{d}}v_{\text{d}}(k) + B_{\xi}d(k) \tag{7.25}$$

式中，$x_{\text{d}}(k) = [x_1(k)\ \ x_2(k)]^{\text{T}}$，$v_{\text{d}}(k) = [v_1(k)\ \ v_2(k)]^{\text{T}}$，$d(k) = [d_1(k)\ \ d_2(k)]^{\text{T}}$，

$$A_{\text{d}} = \begin{bmatrix} 1 - \dfrac{b_1\tau_{\text{s}}}{J_1} & 0 \\ 0 & 1 - \dfrac{b_2\tau_{\text{s}}}{J_2} \end{bmatrix}, \quad B_{\text{d}} = \begin{bmatrix} \dfrac{\tau_{\text{s}}}{J_1} & 0 \\ 0 & \dfrac{\tau_{\text{s}}}{J_2} \end{bmatrix}, \quad B_{\xi} = \begin{bmatrix} -\dfrac{\tau_{\text{s}}}{J_1} & 0 \\ 0 & -\dfrac{\tau_{\text{s}}}{J_2} \end{bmatrix}。$$

为了减少或消除静态误差，将参考模型的动力学方程运用差分运算并改写成增量模型：

$$\Delta x_{\text{d}}(k+1) = A_{\text{d}}\Delta x_{\text{d}}(k) + B_{\text{d}}\Delta v_{\text{d}}(k) \tag{7.26}$$

式中，状态增量为 $\Delta x_{\text{d}}(k) = x_{\text{d}}(k) - x_{\text{d}}(k-1)$，控制增量为 $\Delta v_{\text{d}}(k) = v_{\text{d}}(k) - v_{\text{d}}(k-1)$，定义新的状态变量：

$$\bar{x}(k) = [\Delta x_{\text{d}}(k)^{\text{T}}\ \ x_{\text{d}}(k)^{\text{T}}]^{\text{T}} = \begin{bmatrix} \Delta x_1(k) \\ \Delta x_2(k) \\ x_1(k) \\ x_2(k) \end{bmatrix} \tag{7.27}$$

则新的增广模型为

$$\begin{cases} \bar{x}(k+1) = A_{\text{aug}}\bar{x}(k) + B_{\text{aug}}\Delta v_{\text{d}}(k) \\ \bar{y}(k) = C_{\text{aug}}\bar{x}(k) \end{cases} \tag{7.28}$$

式中，$A_{\text{aug}} = \begin{bmatrix} 1 - \dfrac{b_1\tau_{\text{s}}}{J_1} & 0 & 0 & 0 \\ 0 & 1 - \dfrac{b_2\tau_{\text{s}}}{J_2} & 0 & 0 \\ 1 - \dfrac{b_1\tau_{\text{s}}}{J_1} & 0 & 1 & 0 \\ 0 & 1 - \dfrac{b_2\tau_{\text{s}}}{J_2} & 0 & 1 \end{bmatrix}$，$B_{\text{aug}} = \begin{bmatrix} \dfrac{\tau_{\text{s}}}{J_1} & 0 \\ 0 & \dfrac{\tau_{\text{s}}}{J_2} \\ \dfrac{\tau_{\text{s}}}{J_1} & 0 \\ 0 & \dfrac{\tau_{\text{s}}}{J_2} \end{bmatrix}$，$C_{\text{aug}} = \begin{bmatrix} 0 & 0 & 1 & 0 \\ 0 & 0 & 0 & 1 \end{bmatrix}$。

考虑到模型预测控制需要在每个采样时刻求解最优问题，预测时域 N 和控制时域 M 决定着系统的运算量，这里设置预测时域 $N=3$，控制时域 $M=6$，因此 $\overline{v}(k)=\overline{v}(k+1)=\cdots=\overline{v}(k+5)$。对增广模型运用迭代运算预测输出变量的形式为：

$$Y_{\mathrm{p}} = S_x \overline{x}(k) + S_v \Delta V(k) \tag{7.29}$$

式中，$Y_{\mathrm{p}} = \begin{bmatrix} \overline{y}(k+1\,|\,k) \\ \overline{y}(k+2\,|\,k) \\ \vdots \\ \overline{y}(k+6\,|\,k) \end{bmatrix}$，$S_x = \begin{bmatrix} C_{\mathrm{aug}}A_{\mathrm{aug}} \\ C_{\mathrm{aug}}A_{\mathrm{aug}}^2 \\ \vdots \\ C_{\mathrm{aug}}A_{\mathrm{aug}}^6 \end{bmatrix}$，$S_v = \begin{bmatrix} C_{\mathrm{aug}}B_{\mathrm{aug}} \\ C_{\mathrm{aug}}A_{\mathrm{aug}}B_{\mathrm{aug}} \\ \vdots \\ C_{\mathrm{aug}}A_{\mathrm{aug}}^5 B_{\mathrm{aug}} \end{bmatrix}$。

设定 $r(k)=[\omega_{\mathrm{ref}}(k)\ \omega_{\mathrm{ref}}(k)]^{\mathrm{T}}$ 作为模型预测控制器中输出量 $y_1(k)$ 和 $y_2(k)$ 的参考信号，使得离合器主动端和被动端的转速能实时跟踪参考信号，完成从滑摩阶段到锁止阶段的过渡过程。因此，控制目标为寻找使参考信号与预测输出之间的误差函数最小的最优控制增量 ΔV，目标函数为

$$J = (R - Y_{\mathrm{P}})^{\mathrm{T}}(R - Y_{\mathrm{P}}) + \Delta V^{\mathrm{T}} R_v \Delta V \tag{7.30}$$

式中，R 为参考信号的矢量矩阵，R_v 为调节控制矢量的权重矩阵。使目标函数最小的必要条件为

$$\frac{\partial J}{\partial \Delta V} = 0$$

求解得到的最优控制增量 ΔV 为

$$\Delta V(k) = (S_v^{\mathrm{T}} S_v + R_v)^{-1}(S_v^{\mathrm{T}} R_v r(k) - S_v^{\mathrm{T}} F\overline{x}(k)) \tag{7.31}$$

则系统当前时刻最优虚拟控制：

$$v_{\mathrm{d}}(k) = v_{\mathrm{d}}(k-1) + \Delta v(k) \tag{7.32}$$

7.3.5 基于最小化的控制分配

根据上文求得的最优虚拟控制指令 v，下一步将根据控制分配思想将其分配至实际控制量 u 上。为了保证模式切换过程的控制效果，下面将采用控制量最小化的分配方法，则目标函数如下所示：

$$\begin{aligned} \min_{u}\quad & J_u = \frac{1}{2}\|W_u(u - u_{\mathrm{d}})\|_2^2 \\ s.t.\quad & v = B_u u \\ & u_{\min} \leqslant u \leqslant u_{\max} \end{aligned} \tag{7.33}$$

式中，$W_u = \begin{bmatrix} w_1 & 0 & 0 \\ 0 & w_2 & 0 \\ 0 & 0 & w_3 \end{bmatrix}$ 为控制加权矩阵，u_d 为目标控制量，用以约束实际

控制量，使得目标函数取得最小值。

该优化问题的拉格朗日函数为：

$$L(u, \ \lambda, \ \mu) = J_u + \sum_{j=1}^{2} \lambda_i f_i(u) + \sum_{k=1}^{6} \mu_k h_k(u) \quad (7.34)$$

式中，$f_i(u)(i = 1, \ 2)$ 为等式约束，表达式如下所示：

$$\begin{cases} f_1(u) = u_1 - u_3 - v_1 \\ f_2(u) = u_2 + u_3 - v_2 \end{cases} \quad (7.35)$$

$h_k(u)(k = 1, \ 2, \ \cdots, \ 6)$ 为不等式约束，表达式如下所示：

$$\begin{cases} h_i(u) = u_i - u_{i\max} \ (i = 1, \ 2, \ 3) \\ h_{j+3}(u) = u_{j\min} - u_j \ (j = 1, \ 2, \ 3) \end{cases} \quad (7.36)$$

采用库恩塔克（Karush-Kuhn-Tucker，KKT）条件求解此类同时存在等式和不等式约束的最优化问题

$$\begin{cases} \dfrac{\partial L}{\partial u}\Big|_{u=u^*} = 0 \\ \lambda_j \neq 0, \ \mu_k \geqslant 0 \\ \mu_k h_k(u^*) = 0 \\ f_j(u^*) = 0 \\ h_k(u^*) \leqslant 0 \end{cases} \quad (7.37)$$

最终求得实际最优控制量为

$$\begin{cases} u_1 = \dfrac{(w_2^2 + w_3^2)v_1 + w_2^2 v_2}{w_1^2 + w_2^2 + w_3^2} \\ u_2 = \dfrac{w_1^2 v_1 + (w_1^2 + w_3^2)v_2}{w_1^2 + w_2^2 + w_3^2} \\ u_3 = \dfrac{-w_1^2 v_1 + w_2^2 v_2}{w_1^2 + w_2^2 + w_3^2} \end{cases} \quad (7.38)$$

7.3.6　仿真结果分析

为了验证模式切换过程中基于模型预测和控制分配的转矩协调控制策略

（MPC）的有效性，仿真过程采用传统操作方法作为基准（Baseline），用以对比本节所提的转矩协调控制策略的性能。Baseline 方法假设等效转矩和离合器转矩均以线性比例增加，即

$$T_1 = T_{1ref} + 150t, \quad T_2 = T_{2ref} + 50t, \quad T_{CL} = -2\,000t$$

经过调试与对比，离合器接合速差的阈值为 200 r/min，模型预测控制器采样时间间隔为 0.01 s，虚拟控制量的权重矩阵为 $\boldsymbol{R}_v = \mathrm{diag}(4,\,2)$，实际控制量的加权矩阵$\boldsymbol{W}_u = \mathrm{diag}(2,\,1,\,3)$。此外，本书采用车辆纵向冲击度和离合器滑摩功作为模式切换过程切换品质的评价指标，公式如下：

$$\begin{cases} j = \dfrac{\mathrm{d}a_v}{\mathrm{d}t} = \dfrac{\mathrm{d}^2 v}{\mathrm{d}t^2} \\ W_{CL} = \displaystyle\int_{t_1}^{t_2} T_{CL}\,|\Delta\omega|\,\mathrm{d}t \end{cases} \qquad (7.39)$$

式中，j 为车辆纵向冲击度；a_v 为车辆纵向加速度；W_{CL} 为离合器滑摩功；$\Delta\omega$ 为离合器主、被动端的速差；t_1 为离合器滑摩阶段的开始时刻；t_2 为离合器滑摩阶段的结束时刻。

图 7.5 给出了离合器接合过程中基于模型预测和控制分配的转矩协调控制与采用基准方法的仿真对比结果。由图 7.5（c）和（d）仿真结果可知，在模式切换开始时刻，离合器主动端的初始转速为 1 750 r/min，被动端的初始转速为 1 450 r/min。Baseline 方法采用离合器快速充油策略来增加离合器转矩，在仿真时间 0.58 s 时刻完成离合器接合并进入锁止阶段，此时由离合器转矩 $T_{CL}(t)$ 求得离合器转矩；而 MPC 在初始阶段采用电机主动调速方式，使离合器主、被动端转速的速差迅速达到设定的阈值，此时离合器转矩为零。当仿真时间为 0.31 s 时，离合器的速差满足设定的阈值，此时进入离合器滑摩阶段同时产生摩擦转矩；当仿真时间为 0.73 s 时，离合器主、被动端完成同步接合，此时速差为零，离合器进入锁止阶段。通过对比发现，MPC 的离合器滑摩时间为 0.42 s，相比 Baseline 方法的滑摩时间 0.58 s，缩短了 0.16 s，在满足模式切换过程响应速度快的同时，有助于减少离合器的滑摩损失。

由图 7.5（a）、（b）和（c）分析可知，为了保证模式切换过程的平稳过渡，MPC 能够增加 $T_1(t)$ 和 $T_2(t)$ 的转矩来补偿离合器的摩擦转矩。通过与 Baseline 方法相比，MPC 在保证车速稳步上升的同时，加速度的波动范围更小，车辆纵向冲击度的绝对值远小于 Baseline 方法的冲击度，如图 7.5（e）、（f）和（g）所示。

由于车辆的纵向冲击度是衡量车辆行驶过程纵向特性的重要指标，因此本书所提出的 MPC 能够显著地提高车辆在模式切换过程中的驾驶性能。

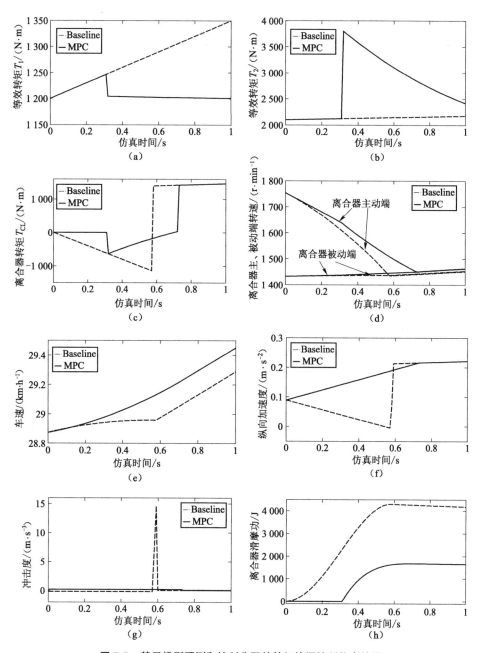

图 7.5　基于模型预测和控制分配的转矩协调控制仿真结果

（a）作用在轴 1 上的等效转矩；（b）作用在轴 2 上的等效转矩；（c）离合器转矩；
（d）离合器主、被动端转速；（e）车速；（f）纵向加速度；
（g）冲击度；（h）离合器滑摩功

由约束的最优化问题可知，滑摩时间、摩擦转矩和速差是决定离合器滑摩损失的重要因素。通过上文分析可知，以上三个因素在 MPC 中均小于 Baseline 方法，因此大大减小了离合器的滑摩功，有助于延长离合器的使用寿命。

表 7.1 详细给出了离合器接合过程中 MPC 与 Baseline 方法的仿真结果对比。

表 7.1　MPC 与 Baseline 方法控制效果对比

参数	Baseline	MPC
离合器滑摩时间 /s	0.58	0.42
加速度波动范围 /（m·s^{-2}）	−0.03 ~ 0.22	0.089 ~ 0.215
车辆纵向冲击度绝对值 /（m·s^{-3}）	14.61	0.15
离合器滑摩功 /J	4 280	1 669

7.4　基于模型参考自适应的换段过程转矩协调控制策略研究

7.4.1　模型参考自适应控制

自适应控制与常规反馈控制和最优控制一样，也是一种基于数学模型的控制方法，不同之处在于自适应控制能在系统运行的过程中不断提取有关模型的信息，通过在线辨识使模型逐渐完善，使控制系统具有一定的适应能力。上文所采用的参考模型思想借鉴于模型参考自适应控制（Model Reference Adaptive Control，MRAC），在系统中设置一个动态品质优良的参考模型，要求在系统运行过程中被控对象的动态特性与参考模型的动态特性一致，典型的模型参考自适应控制系统如图 7.6 所示。

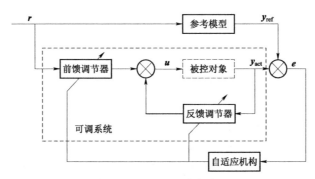

图 7.6　典型的模型参考自适应控制系统

从图 7.6 可以看出，模型参考自适应控制系统由参考模型、可调系统和自适应机构组成。考虑到被控对象的参数一般情况下是不能调整的，可调系统通过引入前馈调节器和反馈调节器来改变被动对象的动态特性。模型参考自适应控制的设计一般多采用李雅普诺夫稳定性理论和超稳定性理论，由于李雅普诺夫函数会产生半负定的时间导数，无法完全保证系统的渐进稳定，因此在应用李雅普诺夫稳定性理论时会受到某些限制。而超稳定性理论通过将系统化为一个非线性反馈系统形式（如图 7.7 所示，其中反馈回路是非线性的，前馈回路是线性的），在保证自适应系统稳定的前提下，能够给设计者提供更大的灵活性去设计不同类型的自适应规律，并选取适合于所研究具体控制问题的自适应规律。

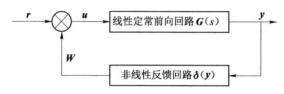

图 7.7　非线性反馈系统

考虑线性定常系统 $G(s)$ 的状态空间表达式为

$$\begin{cases} \dot{x} = Ax + Bu \\ y = Cx + Du \end{cases} \tag{7.40}$$

假设矩阵对 $[A, B]$ 完全可控，矩阵对 $[A, C]$ 完全可测，y 和 W 分别为反馈系统的输入量和输出量，$u = -W$。传递函数矩阵 $G(s)$ 的表达式为

$$G(s) = D + C(sI - A)^{-1}B \tag{7.41}$$

当 $G(s)$ 所有的极点都分布在左半平面 $\text{Re}(s) < 0$，且对任意的 ω 和 $s = j\omega$，$\text{Re}\{G(j\omega)\} > 0$，则定义传递函数矩阵 $G(s)$ 是严格正实的。此外，若反馈系统满足不等式

$$\int_0^t W^T(\tau) \cdot y(\tau) \mathrm{d}\tau \geqslant -r_0^2 \tag{7.42}$$

式中，r_0 为常数，其值取决于反馈系统的初始状态，则定义反馈系统满足波波夫积分不等式条件。

超稳定性理论的定义：在一个闭环系统中，其前向方块为 $G(s)$，反馈方块满足波波夫积分不等式。当传递函数矩阵 $G(s)$ 为正实时，这个闭环系统为超稳定系统。当 $G(s)$ 为严格正实时，这个闭环系统为渐近超稳定性系统。

针对上文推导的机电复合传动系统等效模型，本节提出基于模型参考自适应的模式切换转矩协调控制策略，包括参考模型、被控系统、线性补偿器以及自适应反馈控制系统。其中，参考模型与上文等价状态空间描述保持一致，用以输出离合器接合后的参考转速 y_{ref}；被控系统为离合器滑摩阶段的动力学模型，用以输出离合器主、被动端的实际转速 y_1 和 y_2；为了保证前向方块严格正实，引入线性补偿器使前向方块和补偿器串联后的合成方块分子与分母的阶差不大于 1；自适应反馈控制系统满足波波夫积分不等式条件，整体控制系统结构如图 7.8 所示。

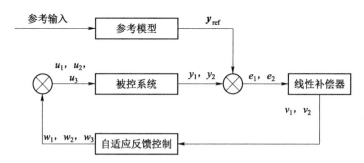

图 7.8　基于模型参考自适应的转矩协调控制策略

为方便后文对线性补偿器和反馈控制器的设计，这里定义参考模型为

$$\begin{cases} (J_1 + J_2)\dot{\boldsymbol{x}}_{ref}(t) = \boldsymbol{u}_{ref}(t) - d_1(t) - d_2(t) \\ \boldsymbol{y}_{ref}(t) = \boldsymbol{x}_{ref}(t) \end{cases} \tag{7.43}$$

被控系统动力学模型为

$$\begin{cases} J_1 \dot{x}_1(t) = u_1(t) - u_3(t) - d_1(t) \\ J_2 \dot{x}_2(t) = u_2(t) + u_3(t) - d_2(t) \\ y_1(t) = x_1(t) \\ y_2(t) = x_2(t) \end{cases} \tag{7.44}$$

由传递函数矩阵推导出离合器锁止阶段的转矩表达式为

$$u_3(t) = \frac{J_2}{J_1 + J_2} u_1(t) - \frac{J_2}{J_1 + J_2} d_1(t) - \frac{J_1}{J_1 + J_2} u_2(t) + \frac{J_1}{J_1 + J_2} d_2(t) \tag{7.45}$$

7.4.2　线性补偿器设计

由考虑线性定常系统 $\boldsymbol{G}(s)$ 的状态空间表达式和传递函数矩阵 $\boldsymbol{G}(s)$ 可以推导被控系统和参考模型的输出误差方程为

$$e(t) = \begin{pmatrix} e_1(t) \\ e_2(t) \end{pmatrix} = \begin{pmatrix} y_1(t) - y_{\text{ref}}(t) \\ y_2(t) - y_{\text{ref}}(t) \end{pmatrix} \quad (7.46)$$

控制目标为转速误差方程最终趋近于 0，即 $e_1(t) = e_2(t) = 0$。联立公式并考虑线性定常系统 $G(s)$ 的状态空间表达式、传递函数矩阵 $G(s)$、反馈系统满足不等式条件，推导得到

$$\begin{pmatrix} \dot{e}_1(t) \\ \dot{e}_2(t) \end{pmatrix} = \begin{pmatrix} \dfrac{J_2 u_1(t)}{J_1(J_1+J_2)} - \dfrac{u_2(t)}{J_1+J_2} - \dfrac{u_3(t)}{J_1} - \dfrac{J_2}{J_1(J_1+J_2)}d_1(t) + \dfrac{1}{J_1+J_2}d_2(t) \\ -\dfrac{u_1(t)}{J_1+J_2} + \dfrac{J_1 u_2(t)}{J_2(J_1+J_2)} + \dfrac{u_3(t)}{J_2} + \dfrac{1}{J_1+J_2}d_1(t) - \dfrac{J_1}{J_2(J_1+J_2)}d_2(t) \end{pmatrix} \quad (7.47)$$

对上式进行微分转换得到

$$\begin{pmatrix} e_1(t) \\ e_2(t) \end{pmatrix} = \begin{pmatrix} \dfrac{1}{\mathrm{d}/\mathrm{d}t}\dfrac{J_2}{J_1(J_1+J_2)} & \dfrac{1}{\mathrm{d}/\mathrm{d}t}\left(-\dfrac{1}{J_1+J_2}\right) & \dfrac{1}{\mathrm{d}/\mathrm{d}t}\left(-\dfrac{1}{J_1}\right) & \dfrac{1}{\mathrm{d}/\mathrm{d}t}\left(-\dfrac{J_2}{J_1(J_1+J_2)}\right) \\ \dfrac{1}{\mathrm{d}/\mathrm{d}t}\left(-\dfrac{1}{J_1+J_2}\right) & \dfrac{1}{\mathrm{d}/\mathrm{d}t}\dfrac{J_1}{J_2(J_1+J_2)} & \dfrac{1}{\mathrm{d}/\mathrm{d}t}\dfrac{1}{J_2} & \dfrac{1}{\mathrm{d}/\mathrm{d}t}\dfrac{1}{J_1+J_2} \end{pmatrix}$$

$$\begin{matrix} \dfrac{1}{\mathrm{d}/\mathrm{d}t}\dfrac{1}{J_1+J_2} \\ \dfrac{1}{\mathrm{d}/\mathrm{d}t}\left(-\dfrac{J_1}{J_2(J_1+J_2)}\right) \end{matrix} \begin{pmatrix} u_1(t) \\ u_2(t) \\ u_3(t) \\ d_1(t) \\ d_2(t) \end{pmatrix} \quad (7.48)$$

式中，$\mathrm{d}/\mathrm{d}t$ 代表微分算子，设 L 为转速误差 e_j $(j=1,\ 2)$ 到线性补偿器输出量 v_j $(j=1,\ 2)$ 的传递矩阵，则被控系统动力学模型可以转化为

$$\begin{pmatrix} v_1 \\ v_2 \end{pmatrix} = L \begin{pmatrix} u_1(t) \\ u_2(t) \\ u_3(t) \\ d_1(t) \\ d_2(t) \end{pmatrix} = \begin{pmatrix} \dfrac{L_{11}}{\mathrm{d}/\mathrm{d}t}\dfrac{J_2}{J_1(J_1+J_2)} & \dfrac{L_{12}}{\mathrm{d}/\mathrm{d}t}\left(-\dfrac{1}{J_1+J_2}\right) & \dfrac{L_{13}}{\mathrm{d}/\mathrm{d}t}\left(-\dfrac{1}{J_1}\right) \\ \dfrac{L_{21}}{\mathrm{d}/\mathrm{d}t}\left(-\dfrac{1}{J_1+J_2}\right) & \dfrac{L_{22}}{\mathrm{d}/\mathrm{d}t}\dfrac{J_1}{J_2(J_1+J_2)} & \dfrac{L_{23}}{\mathrm{d}/\mathrm{d}t}\dfrac{1}{J_2} \end{pmatrix}$$

$$\begin{matrix} \dfrac{L_{14}}{\mathrm{d}/\mathrm{d}t}\left(-\dfrac{J_2}{J_1(J_1+J_2)}\right) & \dfrac{L_{15}}{\mathrm{d}/\mathrm{d}t}\dfrac{1}{J_1+J_2} \\ \dfrac{L_{24}}{\mathrm{d}/\mathrm{d}t}\dfrac{1}{J_1+J_2} & \dfrac{L_{25}}{\mathrm{d}/\mathrm{d}t}\left(-\dfrac{J_1}{J_2(J_1+J_2)}\right) \end{matrix} \begin{pmatrix} u_1(t) \\ u_2(t) \\ u_3(t) \\ d_1(t) \\ d_2(t) \end{pmatrix} \quad (7.49)$$

根据超稳定性理论，传递矩阵 L 必须满足严格正实条件，即

$$L_{11} = \frac{\mathrm{d}}{\mathrm{d}t}, \quad L_{12} = -\frac{\mathrm{d}}{\mathrm{d}t}, \quad L_{13} = -\frac{\mathrm{d}}{\mathrm{d}t}, \quad L_{14} = -\frac{\mathrm{d}}{\mathrm{d}t}, \quad L_{15} = \frac{\mathrm{d}}{\mathrm{d}t}$$
$$L_{21} = \frac{\mathrm{d}}{\mathrm{d}t}, \quad L_{22} = \frac{\mathrm{d}}{\mathrm{d}t}, \quad L_{23} = -\frac{\mathrm{d}}{\mathrm{d}t}, \quad L_{24} = \frac{\mathrm{d}}{\mathrm{d}t}, \quad L_{25} = -\frac{\mathrm{d}}{\mathrm{d}t} \tag{7.50}$$

则传递矩阵 $\boldsymbol{L}$ 的表达式为

$$\boldsymbol{L} = \begin{pmatrix} \dfrac{J_2}{J_1(J_1+J_2)} & \dfrac{1}{J_1+J_2} & \dfrac{1}{J_1} & \dfrac{J_2}{J_1(J_1+J_2)} & \dfrac{1}{J_1+J_2} \\ \dfrac{1}{J_1+J_2} & \dfrac{J_1}{J_2(J_1+J_2)} & \dfrac{1}{J_2} & \dfrac{1}{J_1+J_2} & \dfrac{J_1}{J_2(J_1+J_2)} \end{pmatrix} \tag{7.51}$$

7.4.3 自适应反馈控制器设计

为了保证反馈系统满足波波夫积分不等式条件，这里采用反馈比例参数控制算法设计自适应反馈控制器，表达式为

$$w_j = \sum_{i=1}^{2} K_{ij}(v_{ij}), \quad j=1,2,3 \tag{7.52}$$

式中，v_i $(i=1,2)$ 为线性补偿器的输出量；v_{ij} $(i=1,2; j=1,2,3)$ 为 v_i 的分量；K_{ij} $(i=1,2; j=1,2,3)$ 为自适应比例函数；w_j $(j=1,2,3)$ 为反馈控制器的输出量。这里定义自适应比例函数 $K_{ij}(v_{ij})$ 为

$$k_{ij}(v_{ij}) = a_{ij} \cdot v_{ij} \quad (i=1,2; j=1,2,3) \tag{7.53}$$

式中，a_{ij} $(i=1,2; j=1,2,3)$ 为自适应反馈比例系数。由此可以看出，针对输出量 $u_1(t)$、$u_2(t)$ 和 $u_3(t)$，当反馈比例系数 a_{ij} 满足 $a_{ij} \geqslant 0$ 时，自适应反馈控制系统均满足波波夫积分不等式条件，即

$$\int_0^t k_{ij}(v_{ij}) v_{ij} \mathrm{d}t = \int_0^t a_{ij} \cdot v_{ij}^2 \mathrm{d}t \geqslant 0 \quad (i=1,2; j=1,2,3) \tag{7.54}$$

另外，为了避免离合器接合过程中摩擦转矩的不连续性，保证模式切换过程的平稳过渡，这里定义

$$a_{ij} = b_{ij} + c_{ij} \cdot \mathrm{abs}(e_i)$$
$$\text{s.t.}\, b_{ij} > 0, \quad c_{ij} > 0 \,(i=1,2\, j=3) \tag{7.55}$$

结合传递函数矩阵 $\boldsymbol{G}(s)$ 和离合器锁止阶段的转矩可以发现，$v_{ij}(i=1,2; j=3)$ 体现了控制量 $u_3(t)$ 对离合器主、被动端转速变化速率的作用，因此针对传递矩阵 $\boldsymbol{L}$，b_{ij} $(i=1,2\, j=3)$ 影响着离合器主、被动端转速的变化速率，$c_{ij}(i=1,2\, j=3)$ 影响着被动系统和参考模型之间转速误差的变化速率。

由转速误差方程参考模型可以得出，当 $e_1(t)=e_2(t)=0$ 时，控制量 $u_3(t)$ 的参考输入量为

$$u_{3r}(t) = \frac{J_2}{J_1+J_2}u_1(t) - \frac{J_2}{J_1+J_2}d_1(t) - \frac{J_1}{J_1+J_2}u_2(t) + \frac{J_1}{J_1+J_2}d_2(t) \qquad (7.56)$$

通过对比自适应比例函数 $K_{ij}(v_{ij})$ 和反馈系统满足条件可以发现，参考输入量 $u_{3r}(t)$ 等于离合器锁止阶段的摩擦转矩。因此，v_{ij} $(i=1,\ 2;\ j=3)$ 由输出误差方程可以推导出

$$\begin{cases} v_{13} = v_1 - \dfrac{1}{J_1}\left(\dfrac{J_2}{J_1+J_2}u_1(t) - \dfrac{J_2}{J_1+J_2}d_1(t) - \dfrac{J_1}{J_1+J_2}u_2(t) + \dfrac{J_1}{J_1+J_2}d_2(t) \right) \\[4mm] v_{23} = v_2 - \dfrac{1}{J_2}\left(\dfrac{J_2}{J_1+J_2}u_1(t) - \dfrac{J_2}{J_1+J_2}d_1(t) - \dfrac{J_1}{J_1+J_2}u_2(t) + \dfrac{J_1}{J_1+J_2}d_2(t) \right) \end{cases} \qquad (7.57)$$

联立公式波波夫积分不等式条件和自适应比例函数 $K_{ij}(v_{ij})$ 得

$$v_{13} = v_1 - \frac{u_{3r}}{J_1}, \quad v_{23} = v_2 - \frac{u_{3r}}{J_2} \qquad (7.58)$$

综上所述，针对离合器滑摩阶段，基于模型参考自适应的转矩协调控制策略可描述为

$$\begin{cases} u_1(t) = -a_{11}v_{11} - a_{21}v_{21}; \\[2mm] u_2(t) = -a_{12}v_{12} - a_{22}v_{22}; \\[2mm] u_3(t) = -(b_{13} + c_{13}\cdot \mathrm{abs}(e_1))\left(v_1 - \dfrac{u_{3r}}{J_1} \right) \\[4mm] \qquad -(b_{23} + c_{23}\cdot \mathrm{abs}(e_2))\left(v_2 - \dfrac{u_{3r}}{J_2} \right), \quad \displaystyle\sum_{i=1}^{2}\frac{b_{i3}}{J_i} = 1 \end{cases} \qquad (7.59)$$

由控制量 $u_3(t)$ 的参考输入量可以看出，当 $e_1(t) = e_2(t) = 0$ 时，离合器摩擦转矩 $u_3(t)$ 逐渐趋近于参考控制量 u_{3r}，因此基于模型参考自适应的转矩协调控制策略能够有效地避免离合器摩擦转矩的不连续性，从而保证模式切换过程的平稳过渡。

7.4.4　仿真结果分析

为了验证模式切换过程中基于模型参考自适应的转矩协调控制策略（MRAC）的有效性，仿真过程仍然采用传统操作方法作为基准（Baseline），用以对比所提转矩协调控制策略的性能。经过调试与对比，离合器接合速差的阈值为 200 r/min，反馈比例系数 $a_{11} = 1.45$，$a_{21} = 0$，$a_{12} = 12$，$a_{22} = 50$，$c_{13} = 0.1$，$c_{23} = 0.1$。图 7.9 给出了模式切换过程中基于模型参考自适应的转矩协调控制与采用基准方法的仿真对比结果。

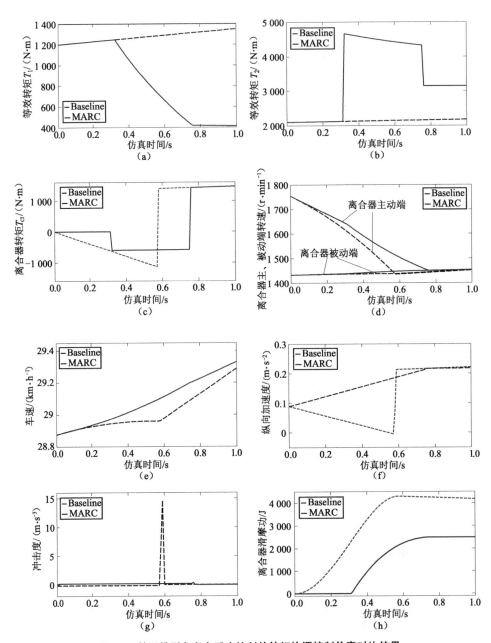

图 7.9 基于模型参考自适应控制的转矩协调控制仿真对比结果

（a）作用在轴 1 上的等效转矩；（b）作用在轴 2 上的等效转矩；（c）离合器转矩；
（d）离合器主、被动端转速；（e）车速；（f）纵向加速度；（g）冲击度；（h）离合器滑摩功

由图 7.9（d）可知，MRAC 的离合器滑摩时间为 0.45 s，比 Baseline 方法的滑摩时间 0.58 s 缩短了 0.13 s。由图 7.9（a）、（b）和（c）分析可知，为了保证平稳的模式切换过程，MRAC 能够增加 $T_1(t)$ 和 $T_2(t)$ 的转矩来补偿负的离合器转矩。图 7.9（e）表明 MRAC 的车速比 Baseline 方法的车速更加平稳，保证了车辆行驶过程的乘车舒适性。图 7.9（f）、（g）和（h）表明，与 Baseline 方法相比，MRAC 的加速度波动范围更小，冲击度绝对值更低，同时大大减小了离合器的滑摩损失。

表 7.2 详细给出了离合器接合过程中 MRAC 与 Baseline 方法控制效果对比。

表 7.2　MRAC 与 Baseline 方法控制效果对比

参数	Baseline	MRAC
离合器滑摩时间 /s	0.58	0.45
加速度波动范围 /（m·s^{-2}）	−0.03 ~ 0.22	0.089 ~ 0.216
车辆纵向冲击度绝对值 /（m·s^{-3}）	14.61	0.31
离合器滑摩功 /J	4 280	2 491

7.5　模型预测控制与模型参考自适应控制的对比

模式切换过程的切换品质评价指标主要有四个：模式切换时间、加速度、车辆纵向冲击度和离合器滑摩功，它们分别反映了模式切换的响应速度、输出转矩的波动、车辆驾驶的平稳性和离合器的磨损。针对基于模型预测和控制分配的转矩协调控制策略（MPC）和基于模型参考自适应的转矩协调控制策略（MRAC），下面将根据评价指标来对比分析两种策略的控制效果。

7.5.1　模式切换时间对比

图 7.10 给出了采用 MPC 和 MRAC 的模式切换时间仿真结果对比。可以看出，离合器滑摩阶段的开始时间为 0.31 s，当采用 MRAC 时，在仿真时间 0.76 s 完成离合器接合过程，模式切换时间为 0.45 s；当采用 MPC 时，在仿

真时间 0.73 s 完成离合器接合过程，模式切换时间为 0.42 s，与 MRAC 相比，切换时间缩短了 0.03 s。另一方面，MPC 对离合器转矩补偿的效果显著优于 MRAC。

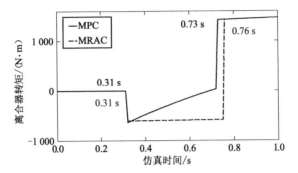

图 7.10 模式切换时间的仿真结果对比

7.5.2 车辆纵向加速度对比

图 7.11 给出了采用 MPC 和 MRAC 的车辆纵向加速度仿真结果对比。可以看出，MPC 的加速度动态特性优于 MRAC，使得切换过程中车辆的动力性更好。此外，通过放大比例图可以发现，在离合器完全接合瞬间，采用 MRAC 时加速度变化存在一定的折线波动，而 MPC 并不存在该现象，这表明 MPC 对离合器摩擦转矩连续性的控制效果好于 MRAC。

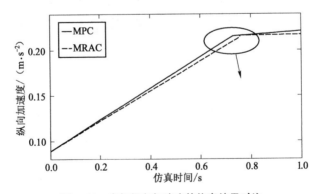

图 7.11 车辆纵向加速度的仿真结果对比

7.5.3 车辆纵向冲击度对比

图 7.12 给出了采用 MPC 与 MRAC 的冲击度仿真结果对比。可以看出，采用 MPC 时车辆的纵向冲击度绝对值为 0.165 m/s³，而采用 MRAC 时车辆的纵向冲击度绝对值为 0.31 m/s³。由于 MPC 对离合器摩擦转矩连续性的控

制效果好于 MRAC，加速度变化趋势更平稳，所以车辆的纵向冲击度绝对值较小。

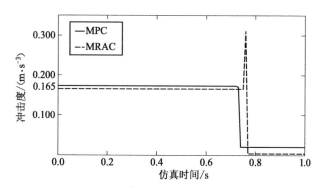

图 7.12　车辆纵向冲击度的仿真结果对比

7.5.4　离合器滑摩损失对比

图 7.13 给出了采用 MPC 与 MRAC 的离合器滑摩功的仿真结果对比。可以看出，MPC 的离合器滑摩功为 1 669 J，明显小于 MRAC 的离合器滑摩功 2 491 J。主要原因在于 MPC 在缩短离合器滑摩时间和补偿离合器转矩两个方面的控制效果优于 MRAC。

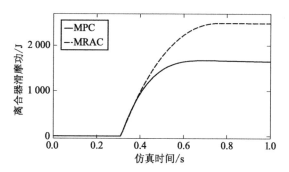

图 7.13　离合器滑摩功的仿真结果对比

表 7.3 列出了 MPC 与 MRAC 的模式切换评价指标参数对比。由此可知，MPC 对离合器转矩的补偿效果明显地优于 MRAC，并在保证模式切换响应速度更快的前提下，能够进一步减小车辆的纵向冲击度，并显著地降低离合器的滑摩损失。综上所述，本章所提的 MPC 在模式切换过程中的控制效果优于 MRAC。

表 7.3　MPC 与 MRAC 的模式切换评价指标参数对比

参数	MPC	MRAC
离合器滑摩时间 /s	0.42	0.45
加速度波动范围 / (m · s⁻²)	0.089 ~ 0.215	0.089 ~ 0.216
车辆纵向冲击度绝对值 / (m · s⁻³)	0.15	0.31
离合器滑摩功 /J	1 669	2 491

第 8 章

基于复杂模型的机电复合传动
系统换段过程控制策略研究

| 8.1 换段过程的问题描述 |

本书所研究的 EVT 模式切换过程，涉及系统工作状态的重构和功率流的重组。由于发动机、电机 A、电机 B 以及离合器和制动器均要参与工作，发动机与两个电机通过功率耦合机构连接形成复杂的耦合关系，电机从发电（电动）模式转换到电动（发电）模式，且离合器接合过程中"同步－滑摩－锁止"三种工作状态具有不连续性，如果按照常规的控制策略，那么由于发动机和电机动态特性的差异，从当前转矩向目标转矩过渡时，发动机和电机的输出转矩会产生剧烈变化，从而在功率耦合机构输出端直至车轮处产生较大冲击。因此，在模式切换过程中，需要对发动机、电机 A、电机 B 以及离合器进行瞬态协调控制，以改善模式切换的切换品质，保证机电复合传动系统的驾驶性能。

通过改变功率耦合机构中操纵元件的分离状态和电机转速的调控可实现 EVT 模式切换过程。首先，切换过程中涉及离合器 C1 和制动器 BK 的操纵时序问题，以 EVT1 模式切换到 EVT2 模式为例，是选择先分离制动器 BK 还是先接合离合器 C1？具体分析如下。

（1）选择先分离制动器 BK、后接合离合器 C1 时，模式切换过程的功率流传递形式如图 8.1（a）所示。可以发现，当切换过程中离合器和制动器同时处于断开状态时，第三个行星排空转且不受制动力矩的作用，此时断开了发动机和两个电机与变速机构之间的动力传输，当接合离合器后，重新实现动力的传输。

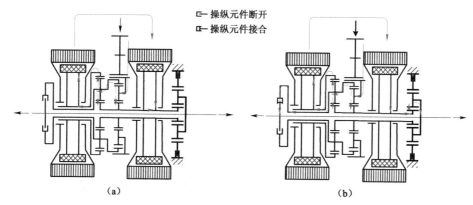

图 8.1　模式切换过程功率流传递形式

（a）先分离制动器 BK、后接合离合器 C1；（b）先接合离合器 C1、后分离制动器 BK

（2）选择先接合离合器 C1、后分离制动器 BK 时，模式切换过程的功率流传递形式如图 8.1（b）所示。可以发现，当切换过程中离合器和制动器同时处于接合状态时，传动系统的动力传输不会中断。

由于本书研究的对象对车辆的动力性要求较高，模式切换过程要求快速平稳地进行，同时需要避免动力中断的延长和动载冲击频次的增加等问题，因此，先接合离合器 C1、后分离制动器 BK 的操纵时序更适合本书所研究的系统。

其次，相比于传统车辆的换挡通常采用对离合器油压的缓冲控制来完成离合器的接合，本书所研究的机电复合传动系统是由电机转矩控制，具有调节灵活和响应时间快的特点，因此在模式切换过程中采用电机进行主动调速，能够快速减小离合器主、被动端的速差，缩短离合器的充油时间和减少滑摩功，提高模式切换的响应速度。但是由于电机的调速精度限制，不能将离合器的速差精确控制为同步，只能调节到一定的范围之内，因此当离合器主、被动端的速差调节到设定的阈值后，需要进行离合器的充油控制，实现离合器主、被动端同步。

最后，针对离合器接合过程中油压的缓冲控制和制动器分离过程中放油控制问题，由于相关的研究已经成熟，具体的设计过程不再累述。这里只给出离合器和制动器的充放油曲线，为后文基于规则的模式切换控制策略提供依据，如图 8.2 所示。

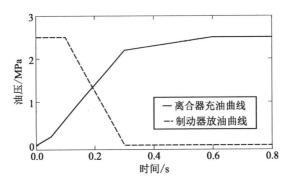

图 8.2　离合器和制动器的充放油曲线

8.2　基于切换系统的机电复合传动系统复杂模型

本节研究的重点为如何用切换系统的理论来建立机电复合传动系统复杂模型以及描述模式切换过程，也就是试图把针对模式切换的控制系统转移到一个先进的理论框架下进行研究。

8.2.1　切换系统

混杂系统作为一类描述相对简单的复杂系统，由连续变量动态系统和离散事件动态系统及其相互作用组成。切换系统是从系统与控制角度研究混杂系统的一个重要模型，属于一类特殊的混杂系统，由一族子系统和描述子系统之间关系的切换规则构成。每个子系统对应着离散变量的一个值，子系统之间的切换代表离散事件动态系统。切换系统具有广泛的工程应用背景，涵盖汽车控制、工业制造、智能交通、飞行控制等领域。

切换系统的数学模型可用一个三元组来描述，即

$$S = (D,\ F,\ L)$$

式中的参数意义如下：

（1）$D = (I,\ E)$ 为切换系统离散事件动态系统的有向图，集合 $I = \{i_1,\ i_2,\ \cdots,\ i_n\}$，$E$ 为有向集 $I \times I = \{(i,\ i) | i \in I\}$ 的子集，表示为所有离散事件。若 $e = (i_1,\ i_2)$ 发生，表示从离散状态 i_1 切换到离散状态 i_2。

（2）$F = \{f_i : X_i \times U_i \times R \rightarrow R^n | i \in I\}$ 为连续变量动态子系统，f_i 为子系统的向量场 $\dot{x} = f_i(x,\ u,\ t)$，X_i 为子系统的状态变量集合，U_i 为子系统的控制变量

集合。

（3）$L = \{L_E \bigcup L_I\}$ 为连续变量动态子系统和切换规则之间的逻辑约束，其中 L_E 表示外部事件切换集合，$L_E = \{\Lambda_e | \Lambda_e \subseteq R^n, \varnothing \neq \Lambda_e \subseteq X_{i1} \bigcap X_{i2}, e = (i_1, i_2) \in E_E\}$；$L_I$ 表示内部事件切换集合，$L_I = \{\Lambda_e | \Lambda_e \subseteq R^n, \varnothing \neq \Lambda_e \subseteq X_{i1} \bigcap X_{i2}, e = (i_1, i_2) \in E_I\}$。

8.2.2　机电复合传动系统复杂模型

机电复合传动系统不同工作模式间的选择与切换由驾驶员的不同操作以及整车的控制系统来决定，并通过操纵元件（离合器或制动器）的接合或分离来实现。我们可以把车辆的每种工作模式看作一种状态，这些状态间的切换可以看作由一系列离散事件造成。同时，在每种特定工作模式下，可以把此时的车辆动态子系统看作一个相对独立的连续变量动态系统。

因此，机电复合传动系统可以描述为连续时间动态系统和一系列离散事件动态系统及其相互作用的切换系统。在进行机电复合传动系统控制系统设计时，必须详细建立模式切换前后离散状态与切换过程中连续状态的切换系统模型，这里定义为机电复合传动系统的复杂模型，为后文进行模式切换动态特性分析和控制策略研究奠定必要基础。

8.2.2.1　离散事件动态系统

以 EVT1 模式切换到 EVT2 模式为例，按照上文设定的操纵时序，模式切换过程需要经历 EVT1 模式、离合器 C1 接合阶段、制动器 BK 分离阶段以及 EVT2 模式，如图 8.3 所示。

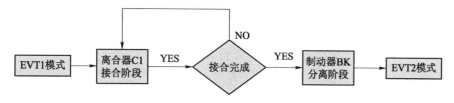

图 8.3　模式切换过程操纵元件时序

由此可见，模式切换过程被划分为四个阶段，每个阶段对应不同的离散状态，各状态之间的系统结构和动态特性各不相同。结合上式，集合 I 为离散状态的有限集合，主要用于描述车辆的不同工作状态，因此离散状态集合 I 可表示为

$$I = \{i_1, i_2, i_3, i_4\}$$

式中，离散状态 i_1 表示 EVT1 模式；离散状态 i_2 表示离合器接合阶段；离散状态 i_3 表示制动器分离阶段；离散状态 i_4 表示 EVT2 模式。

离散事件集 E 可表示为

$$E = \{(i_1,\ i_2),\ (i_2,\ i_3),\ (i_3,\ i_4)\}$$

式中，离散事件 $e_1 = (i_1,\ i_2)$ 表示从 EVT1 模式切换到离合器接合阶段；离散事件 $e_2 = (i_2,\ i_3)$ 表示从离合器接合阶段切换到制动器分离阶段；离散事件 $e_3 = (i_3,\ i_4)$ 表示从制动器分离阶段切换到 EVT2 模式。

8.2.2.2　连续变量动态系统

连续变量动态系统主要描述车辆在不同转矩作用下的转速变化规律，模式切换过程的四个不同阶段分别用动力学方程来表示。

（1）EVT1 模式：离合器 C1 断开，制动器 BK 锁止。

$$\begin{cases}
J_e \dot{\omega}_e = T_e - T_{fg} \\
J_{fg} \ddot{\theta}_i = i_q T_{fg} - T_i \\
J_{c2} \dot{\omega}_i = T_i - T_{c2} \\
(J_A + J_{r1}) \dot{\omega}_A = T_A - T_{r1} \\
(J_B + J_{s1} + J_{s2} + J_{s3}) \dot{\omega}_B = T_B - T_{s1} - T_{s2} - T_{s3} \\
(J_{c1} + J_{r2}) \dot{\omega}_{c1} = T_{c1} + T_{r2} \\
(J_o + J_{c3}) \dot{\omega}_o = T_o - T_f
\end{cases} \tag{8.1}$$

（2）离合器 C1 接合阶段：离合器 C1 处于接合状态，制动器 BK 锁止。

$$\begin{cases}
J_e \dot{\omega}_e = T_e - T_{fg} \\
J_{fg} \ddot{\theta}_i = i_q T_{fg} - T_i \\
J_{c2} \dot{\omega}_i = T_i - T_{c2} \\
(J_A + J_{r1}) \dot{\omega}_A = T_A - T_{r1} \\
(J_B + J_{s1} + J_{s2} + J_{s3}) \dot{\omega}_B = T_B - T_{s1} - T_{s2} - T_{s3} \\
(J_{c1} + J_{r2}) \dot{\omega}_{c1} = T_{c1} + T_{r2} - T_{CL} \\
(J_o + J_{c3}) \dot{\omega}_o = T_o - T_f
\end{cases} \tag{8.2}$$

（3）制动器 BK 分离阶段：离合器 C1 锁止，制动器 BK 处于分离状态。

$$\begin{cases}
J_e \dot{\omega}_e = T_e - T_{fg} \\
J_{fg} \ddot{\theta}_i = i_q T_{fg} - T_i \\
J_{c2} \dot{\omega}_i = T_i - T_{c2} \\
(J_A + J_{r1}) \dot{\omega}_A = T_A - T_{r1} \\
(J_B + J_{s1} + J_{s2} + J_{s3}) \dot{\omega}_B = T_B - T_{s1} - T_{s2} - T_{s3} \\
(J_o + J_{c3} + J_{c1} + J_{r2}) \dot{\omega}_o = T_o - T_f \\
J_{r3} \dot{\omega}_{r3} = T_{r3} - T_{BK}
\end{cases} \tag{8.3}$$

（4）EVT2 模式：离合器 C1 锁止，制动器 BK 断开。

$$\begin{cases} J_e\dot{\omega}_e = T_e - T_{fg} \\ J_{fg}\ddot{\theta}_i = i_q T_{fg} - T_i \\ J_{c2}\dot{\omega}_i = T_i - T_{c2} \\ (J_A + J_{r1})\dot{\omega}_A = T_A - T_{r1} \\ (J_B + J_{s1} + J_{s2} + J_{s3})\dot{\omega}_B = T_B - T_{s1} - T_{s2} \\ (J_o + J_{c3} + J_{c1} + J_{r2})\dot{\omega}_o = T_o - T_f \end{cases} \tag{8.4}$$

对应的状态变量集合和控制变量集合的选择如下所示：

$$\begin{cases} \boldsymbol{x}(t) = [\theta_e - i_q\theta_i, \omega_e, \omega_A, \omega_B]^T \\ \boldsymbol{u}(t) = [T_e, T_A, T_B, T_f, T_{CL}, T_{BK}]^T \end{cases} \tag{8.5}$$

由于模式切换过程具有不同的工作模式，当选择不同时，微分方程的描述形式也不一样，状态映射函数 f_i 体现着离散系统的决策结果对连续受控过程动态行为的支配作用，即离散状态 i_k 与连续变量动态子系统的映射关系为

$$i_k \rightarrow f_k : \dot{\boldsymbol{x}}(t) = A_k \boldsymbol{x}(t) + B_k \boldsymbol{u}(t) \quad (k = 1, \ 2, \ 3, \ 4) \tag{8.6}$$

式中，A_k 为状态变量矩阵；B_k 为控制变量矩阵，具体表达式详见附录。

8.2.2.3　模式切换规则

切换规则的设计关键在于规范与离散事件相对应的连续状态集合的逻辑约束条件，用以表征连续时间动态系统对离散事件动态系统的映射关系。针对本章的研究内容，关键在于设计出机电复合传动系统在模式切换过程中发生状态切换的临界条件。模式切换控制流程如图 8.4 所示。

从图 8.4 可以看出，从 EVT1 模式切换到 EVT2 模式过程发生的离散事件依次为 $e_1 = (i_1, i_2)$，$e_2 = (i_2, i_3)$，$e_3 = (i_3, i_4)$。结合第 2 章所设计的模式切换规律与本章所提出的切换系统概念，模式切换过程可描述为：当车辆行驶在低速工况时，系统处于 EVT1 模式；当车速大于换挡车速 v_{12} 时，电机对离合器进行调速，使得离合器两端速差小于阈值 $\bar{\omega}_c$，触发离散事件 $e_1 = (i_1, i_2)$，系统进入离合器接合阶段；当离合器两端速差等于 0 时，离合器锁止，触发离散事件 $e_2 = (i_2, i_3)$，系统进入制动器分离阶段；当制动器两端速差大于阈值 $\bar{\omega}_b$ 时，制动器断开，系统进入 EVT2 模式。

离合器 C1 和制动器 BK 在接合或分离过程中的速差公式如下：

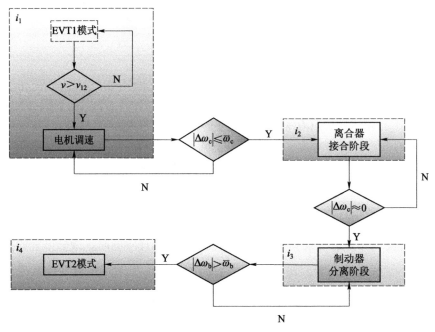

图 8.4　模式切换控制流程

$$\begin{cases} \Delta\omega_c = \left| \dfrac{K_2(1+K_3)\omega_A + (K_3-K_2)\omega_B}{(1+K_2)(1+K_3)} \right| \\ \Delta\omega_b = \left| \dfrac{(1+K_3)K_2}{K_3(1+K_2)}\omega_A + \dfrac{K_3-K_2}{K_3(1+K_2)}\omega_B \right| \end{cases} \tag{8.7}$$

假设切换信号 σ 是一个逐段常数函数，它可以依赖于时间、它本身的过去值、系统的状态量、输出量或者系统的外部信号等。参照模式切换过程控制流程，机电复合传动系统的模式切换规则如下：

$$\sigma(t^+) = \begin{cases} 1 \\ 2, \left\{ \sigma(t^-)=1, \ v>v_{12}, \ \left| \dfrac{K_2(1+K_3)\omega_A + (K_3-K_2)\omega_B}{(1+K_2)(1+K_3)} \right| \leqslant \bar{\omega}_c \right\} \\ 3, \left\{ \sigma(t^-)=2, \ v>v_{12}, \ \left| \dfrac{K_2(1+K_3)\omega_A + (K_3-K_2)\omega_B}{(1+K_2)(1+K_3)} \right| \approx 0 \right\} \\ 4, \left\{ \sigma(t^-)=3, \ v>v_{12}, \ \left| \dfrac{(1+K_3)K_2}{K_3(1+K_2)}\omega_A + \dfrac{K_3-K_2}{K_3(1+K_2)}\omega_B \right| > \bar{\omega}_b \right\} \end{cases} \tag{8.8}$$

综合以上研究，通过引入切换系统的概念，将机电复合传动系统转化为一个集离散事件动态系统和连续变量动态系统及其相互作用为一体的切换系统，基于切换系统的机电复合传动系统复杂模型如图 8.5 所示。

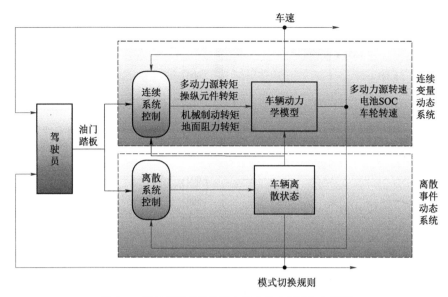

图 8.5　基于切换系统的机电复合传动系统复杂模型

8.2.2.4　模式切换规则与模式切换规律的关系

分析图 8.4、公式 8.8 与第 5 章中图 5.2 和图 5.10，可以发现，本节在切换系统概念下所提出的模式切换规则是在模式切换规律的基础上，进一步细化了离合器和制动器的接合与分离过程。由于能量管理策略是机电复合传动系统的关键技术，发动机、电机工作点以及工作模式均应当由能量管理策略给出，从这一角度出发，模式切换规则可认为是能量管理策略的一部分；此外，模式切换规则在每个控制输入时刻，选择是继续以当前模式工作，还是切换到其他模式，实际上对应一个瞬时决策过程，更加适合嵌入瞬态控制策略构架中，因此可将模式切换规则嵌入后文所提的模式切换控制策略中以验证规则的效果。

8.2.3　模式切换动态特性仿真结果与分析

为了分析基于复杂模型的机电复合传动系统模式切换动态特性，本节在第 2 章机电复合传动系统仿真模型和综合控制策略的基础上，在加速工况下采用基于规则的控制策略（Rule-based Control）完成 EVT1 模式到 EVT2 模式的切换过程，设定离合器接合速差的阈值 $\bar{\omega}_c=300$ r/min，制动器分离速差的阈值为 $\bar{\omega}_b=10$ r/min，以截取某一段加速区间为例，仿真结果与分析如图 8.6 所示。

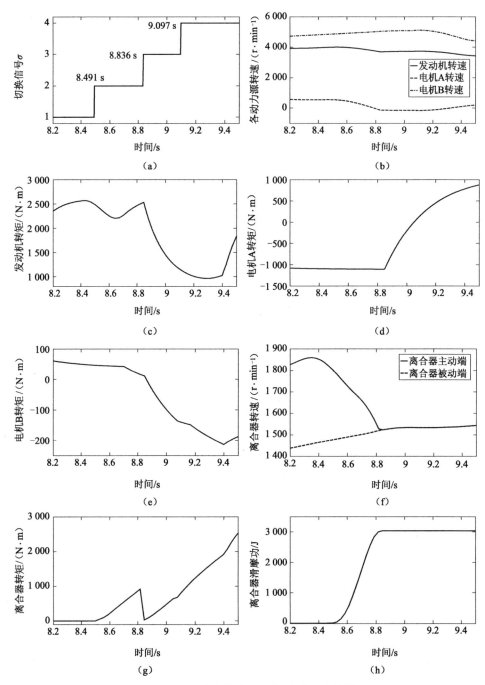

图 8.6　机电复合传动系统模式切换仿真结果

（a）切换信号；（b）动力源转速；（c）发动机转矩；（d）电机 A 转矩；（e）电机 B 转矩；

（f）离合器转速；（g）离合器转矩；（h）离合器滑摩功；

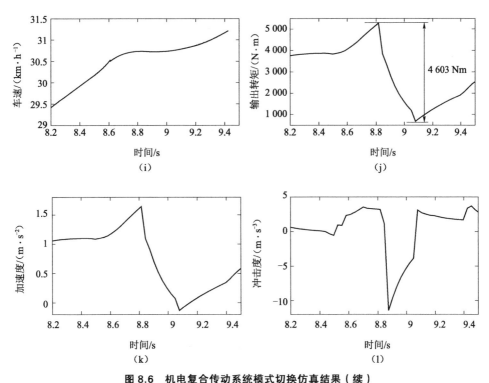

图 8.6　机电复合传动系统模式切换仿真结果（续）
（i）车速；（j）输出转矩；（k）车辆纵向加速度；（l）冲击度

由图 8.6（a）可知，模式切换过程划分为四个阶段，切换信号 1，2，3，4，分别对应 EVT1 模式、离合器接合阶段、制动器分离阶段和 EVT2 模式。图 8.6（a），以时间标志对各个阶段进行了划分，即仿真时间段 8.2 ~ 8.491 s，系统处于 EVT1 模式；仿真时间段 8.491 ~ 8.836 s，系统处于离合器接合阶段；仿真时间段 8.836 ~ 9.097 s，系统处于制动器分离阶段；仿真时间为 9.097 s 时，系统完成模式切换过程并进入 EVT2 模式。经简单计算可得，模式切换持续时间为 0.606 s，满足车辆模式切换响应速度快的要求。

由图 8.6（b）分析各动力源的转速变化历程可以发现，模式切换过程中电机 A 和电机 B 转速基本保持不变，是因为电机 A 转速受限于发动机转速和输出端转速，电机 B 转速受限于输出端转速，而在切换过程中发动机转速和输出端转速近似保持不变。另一方面，电机 B 转速又同时受限于第三排齿圈转速，在切换过程中输出端转速近似保持不变的前提下，制动器的分离过程会导致第三排齿圈转速急剧增加，因此电机 B 转速在切换过程后期变化明显。

由图 8.6（c）、（d）、（e）分析各动力源的转矩变化历程可以发现，EVT1 模式电机 A 处于发电模式（−），电机 B 处于电动模式（+）；模式切换过程中电机 A 转矩由负变为正，转变为电动模式（+），电机 B 转矩由正变为负，转变为发电模式（−），此时系统进入 EVT2 模式。另外，由转矩关系式可知，EVT1 模式下发动机的负载转矩只与电机 A 有关，EVT2 模式下发动机的负载转矩同时取决于电机 A 和电机 B 的转矩，因此切换过程中由于受限于两个电机的转矩约束，同时为了保证系统电功率的平衡，发动机转矩呈现一定的下降趋势。

离合器转速、传递转矩和滑摩功的变化曲线如图 8.6(f)、（g）、（h）所示。在 EVT1 模式下，首先利用电机响应速度快的特性，对离合器主、被动两端进行调速。当离合器两端的速差调整到设定阈值 ϖ_c =300 r/min 时，系统进入离合器接合阶段。此时离合器采用快速充油策略，完成主、被动端的接合过程。离合器滑摩时间为 0.345 s，模式切换过程产生的滑摩功为 3 035 J。车速变化趋势与离合器被动端变化一致，基本满足稳步上升的要求，如图 8.6（i）所示。

车辆的输出转矩、加速度和冲击度的变化曲线如图 8.6（j）、（k）、（l）所示。可以发现，输出转矩的变化趋势和加速度变化趋势一致，模式切换过程输出转矩的波动量为 4 603 N·m，加速度波动的范围为 −0.14 ～ 1.65 m/s²，车辆纵向冲击度的绝对值为 13.87 m/s³。

| 8.3　机电复合传动系统模式切换控制策略研究 |

由上文可知，从 EVT1 模式转换到 EVT2 模式的过程中，为了实现快速平稳的切换，需要经历四个阶段：EVT1 模式、离合器 C1 接合阶段、制动器 BK 分离阶段和 EVT2 模式。针对 EVT1 模式和 EVT2 模式的控制器设计，发动机和两个电机的转矩分配均可由上文所制定基于规则的能量管理策略来实现，这里不作为研究重点。针对离合器接合阶段，离合器的滑摩过程需要与发动机和两个电机的运行相协调，滑摩速度过慢，摩擦损失增大，会影响离合器的使用寿命和模式切换的响应时间；滑摩速度过快，会造成较大的冲击并导致车辆驾驶性能的恶化。针对制动器分离阶段，发动机和两个电机的惯性转矩势必会造成输出转矩的波动，影响车辆行驶过程的平顺性。因此，机电复合传动系统模式切换控制策略研究面向的是离合器接合阶段和制动器分离阶段。基于上文建立的机电复合传动系统复杂模型，如何在保证模式切换响应速度快的前提下，降低输出转矩的波动，减小离合器的滑摩损失，改善模式切换过程的切换品质，即实现切换过程中发动机、电机 A、电机 B 和离合器的转矩协调控制，是机电复合传动系统模式切换过程中需要解决的核心问题，也是本课题研究模式切换控制策略的重中之重。

8.3.1　基于模型预测与控制分配的转矩协调控制策略

针对离合器接合阶段，第 4 章基于机电复合传动系统的等效模型，分别介绍了基于模型预测与控制分配的转矩协调控制策略和基于模型参考自适应的转矩协调控制策略，仿真结果验证了上述两种方法均可以在保证响应速度的前提下，减小车辆的冲击度和离合器滑摩功。对照模式切换过程的评价指标，模型预测控制策略对离合器转矩的补偿效果明显地优于模型参考自适应控制，同时在保证模式切换响应速度更快的前提下，能够进一步减小车辆的纵向冲击度，并显著地降低离合器的滑摩功。因此本节将针对机电复合传动系统在离合器接合阶段的复杂模型，采用基于模型预测与控制分配的转矩协调控制策略，协调发动机、电机 A、电机 B 和离合器的转矩。

8.3.1.1　控制分配问题描述

离合器接合阶段动力学方程给出了机电复合传动系统在离合器接合阶段的复杂模型，同时联立离合器被动端的转矩关系式整理后的式子，这里在离合器主被动端引入阻尼系数 δ_1 和 δ_2，以避免模型预测控制在线优化过程中的死锁现象和代数环问题。对变量符号进行规范化处理：选取状态量为 $x_1(t) = \omega_{c1}(t)$，$x_2(t) = \omega_{c2}(t)$；输入量为 $T_e(t) = u_1(t)$，$T_A(t) = u_2(t)$，$T_B(t) = u_3(t)$，$T_{CL}(t) = u_4(t)$；输出量为 $y_1(t) = x_1(t)$，$y_2(t) = x_2(t)$；负载扰动量为 $d(t) = T_f(t)$，因此离合器接合阶段的状态空间表达式为

$$\begin{cases} \dot{x} = Ax + Bu + \tilde{B}d \\ y = Cx \end{cases} \tag{8.9}$$

式中，$x = [x_1(t)\ x_2(t)]^T$，$u = [u_1(t)\ u_2(t)\ u_3(t)\ u_4(t)]^T$，$y = [y_1(t)\ y_2(t)]^T$，$d = d(t)$，

$$A = \begin{bmatrix} -\dfrac{\delta_1}{J_1} & 0 \\ 0 & -\dfrac{\delta_2}{J_2} \end{bmatrix}, \quad B = \begin{bmatrix} \dfrac{a_1}{J_1} & \dfrac{b_1}{J_1} & \dfrac{c_1}{J_1} & \dfrac{d_1}{J_1} \\ \dfrac{a_2}{J_2} & \dfrac{b_2}{J_2} & \dfrac{c_2}{J_2} & \dfrac{d_2}{J_2} \end{bmatrix}, \quad \tilde{B} = \begin{bmatrix} \dfrac{e_1}{J_1} \\ \dfrac{e_2}{J_2} \end{bmatrix}, \quad C = \begin{bmatrix} 1 & 0 \\ 0 & 1 \end{bmatrix}。$$

状态空间表达式与离合器被动端的转矩关系式整理后式子的惯量和转矩系数的等效关系为

$$\begin{cases} J_1 = ad - bc, \quad J_2 = bc - ad \\ a_1 = -\dfrac{K_2 d}{1+K_2} + \dfrac{b(1+K_3)}{1+K_2}, \quad a_2 = \dfrac{a(1+K_3)}{1+K_2} - \dfrac{K_2 c}{1+K_2} \\ b_1 = -\dfrac{1+K_1}{K_1}d - \dfrac{b(1+K_3)}{K_1}, \quad b_2 = -\dfrac{1+K_1}{K_1}c - \dfrac{a(1+K_3)}{K_1} \\ c_1 = b(1+K_3), \quad c_2 = a(1+K_3) \\ d_1 = (-d-b), \quad d_2 = (-c-a) \\ e_1 = b, \quad e_2 = a \end{cases} \tag{8.10}$$

控制量约束为

$$\begin{cases} u_{1\min}(t) \leqslant u_1(t) \leqslant u_{1\max}(t) \\ u_{2\min}(t) \leqslant u_2(t) \leqslant u_{2\max}(t) \\ u_{3\min}(t) \leqslant u_3(t) \leqslant u_{3\max}(t) \\ u_{4\min}(t) \leqslant u_4(t) \leqslant u_{4\max}(t) \end{cases} \tag{8.11}$$

由于控制输入 $\boldsymbol{u}$ 的维数严格大于输出 $\boldsymbol{y}$ 的维数，因此状态空间表达式是一个控制受限且存在控制冗余的过驱动系统。根据控制分配的思想，这里引入虚拟控制指令 $\boldsymbol{v} = [v_1 \ v_2]^T$，$v_1$ 和 v_2 分别表示作用在离合器主动端和被动端的虚拟转矩，因此实际控制量和虚拟控制指令之间的关系为

$$\boldsymbol{v} = \boldsymbol{B}_u \boldsymbol{u} \tag{8.12}$$

式中，$\boldsymbol{B}_u = \begin{bmatrix} a_1 & b_1 & c_1 & d_1 \\ a_2 & b_2 & c_2 & d_2 \end{bmatrix}$，因此控制矩阵 $\boldsymbol{B}$ 可分解为

$$\boldsymbol{B} = \boldsymbol{B}_v \boldsymbol{B}_u \tag{8.13}$$

式中 $\boldsymbol{B}_v = \begin{bmatrix} \dfrac{1}{J_1} & 0 \\ 0 & \dfrac{1}{J_2} \end{bmatrix}$，则离合器接合阶段的状态空间表达式所对应的等价状态空间描述为

$$\dot{\boldsymbol{x}} = \boldsymbol{A}\boldsymbol{x} + \boldsymbol{B}_v \boldsymbol{v} + \tilde{\boldsymbol{B}}\boldsymbol{d}$$
$$s.t. \ \boldsymbol{v}_{\min} \leqslant \boldsymbol{v} \leqslant \boldsymbol{v}_{\max} \tag{8.14}$$

针对离合器接合过程中存在的过驱动问题，下面将采用基于模型预测与控制分配算法，通过调整控制转矩的权重关系，降低离合器摩擦转矩不连续对系统所造成的冲击，保证模式切换过程的平稳过渡，实现机电复合传动系统在动力性能方面和离合器滑摩功方面折中的效果。

8.3.1.2　参考模型

选取离合器接合后的动态模型作为参考模型，此时离合器处于锁止状态，即主、被动端的速差为零，制动器尚未进入分离阶段，因此参考模型的动力学方程为

$$(J_o + J_{c3} + J_{c1} + J_{r2})\dot{\omega}_m = T_{c1} + T_{r2} + T_{c3} - T_f \tag{8.15}$$

忽略前传动弹性联轴器和行星排惯量的影响，发动机和两个电机的转速变化率为

$$\begin{cases} J_e i_q \dot{\omega}_e = i_q T_e - T_{c2} \\ J_A \dot{\omega}_A = T_A - T_{r1} \\ J_B \dot{\omega}_B = T_B - T_{s1} - T_{s2} - T_{s3} \end{cases} \tag{8.16}$$

转速关系式为

$$\begin{cases} \omega_B + K_1 \omega_A - (1 + K_1)\omega_m = 0 \\ \omega_B + K_2 \omega_m - (1 + K_2)\omega_i = 0 \\ \omega_B - (1 + K_3)\omega_m = 0 \\ \omega_{c1} = \omega_{r2} = \omega_{c3} = \omega_m = 0 \end{cases} \tag{8.17}$$

转矩关系式为

$$\begin{cases} T_{s1} : T_{r1} : T_{c1} = 1 : K_1 : (-(1 + K_1)) \\ T_{s2} : T_{r2} : T_{c2} = 1 : K_2 : (-(1 + K_2)) \\ T_{s3} : T_{r3} : T_{c3} = 1 : K_3 : (-(1 + K_3)) \end{cases} \tag{8.18}$$

结合上述四个式子，参考模型的表达式可以转化为

$$J_m \dot{\omega}_m = \underbrace{-\frac{1 + K_3 + K_2}{1 + K_2} i_q T_e + \frac{K_3 - K_1}{K_1} T_A - (1 + K_3) T_B - T_f}_{T_{ref}} \tag{8.19}$$

式中，$J_m = J_o - \left(\dfrac{1 + K_3 + K_2}{1 + K_2}\right)^2 i_q J_e - \left(\dfrac{K_1 - K_3}{K_1}\right)^2 J_A - J_B(1 + K_3)^3$。

8.3.1.3　模型预测控制器设计

模型预测控制器的设计思路采用离散时间的模型预测算法，并改写增量模型以减少或消除静态误差，详细的设计过程不再赘述。这里只给出模型预测控制在线优化问题的描述，系统的增广矩阵方程为

$$\begin{cases} \bar{x}(k+1) = A_{aug}\bar{x}(k) + B_{aug}\Delta v_d(k) \\ \bar{y}(k) = C_{aug}\bar{x}(k) \end{cases} \tag{8.20}$$

式中的状态变量和输出变量与上文保持一致。采用参考模型中 $r(k) = [\omega_m(k) \quad \omega_m(k)]^T$

作为模型预测控制器中输出量的参考信号，使得离合器主动端和被动端的转速能实时跟踪参考信号。

目标函数的离散形式为

$$\min_{\Delta v_d} J = Q_y \sum_{i=0}^{N-1} (y(k+i+1|k) - r(k+i+1|k))^2 + R_v \sum_{i=0}^{M-1} (\Delta v_d(k+i|k))^2 + \varepsilon^2$$

$$s.t. \begin{cases} \overline{x}(k+1+i|k) = A_{aug}\overline{x}(k+i|k) + B_{aug}\Delta v_d(k+i|k) \\ \overline{y}(k+i|k) = C_{aug}\overline{x}(k+i|k) \\ v_{d\min}(k+i|k) \leqslant v_d(k+i|k) \leqslant v_{d\max}(k+i|k) \\ \Delta v_{d\min}(k+i|k) \leqslant \Delta v_d(k+i|k) \leqslant \Delta v_{d\max}(k+i|k) \\ y_{\min}(k+i+1|k) - \varepsilon \leqslant y(k+i+1|k) \leqslant y_{\max}(k+i+1|k) + \varepsilon \\ \varepsilon \geqslant 0 \end{cases} \quad (8.21)$$

式中，Q_y 和 R_v 分别为对应项的权重，ε 为用来避免不稳定性引入的松弛系数，$\overline{x}(k+i|k)$ 为当前采样时刻的预测系统状态，$v_d(k+i|k)$ 为当前采样时刻的预测系统控制输入量，$\overline{y}(k+i|k)$ 为当前采样时刻的预测系统输出量，$r(k+i|k)$ 为当前采样时刻的预测系统参考量。

当前采样时刻下系统在滚动预测时域内的输出量为

$$y(k+i+1|k) = C_{aug}\left[A_{aug}^{i+1}x(k) + \sum_{l=0}^{i} A_{aug}^{i}B_{aug}\left(v_d(k-1) + \sum_{j=0}^{l}\Delta v_d(k+j|k)\right)\right] \quad (8.22)$$

同时可将系统预测的输出转化为一个二次规划问题，即

$$\Delta V = \arg\min_{\Delta U}\left(\frac{1}{2}\Delta V^T H \Delta V + F^T \Delta V\right) \quad (8.23)$$

$$s.t. \quad G_u \Delta V \leqslant W$$

式中，$\Delta V = [\Delta v_d(k|k), \cdots, \Delta v_d(k+M-1|k)]^T$ 为预测时域内一系列最优控制量，H，F，G_u，W 为常数和约束矩阵。通过求解二次规划问题，可以得到系统当前时刻最优虚拟控制量

$$v_d(k) = v_d(k-1) + \Delta v_d(k|k) \quad (8.24)$$

8.3.1.4 基于最小化的控制分配

根据上文求得的最优虚拟控制量 v，下一步将根据控制分配思想将其分配至实际控制量 u 上，为了保证模式切换过程的控制效果，下面将采用控制量最小化的分配方法，使目标函数如下所示：

$$\min_{u} J_u = \frac{1}{2}\|W_u(u - u_d)\|_2^2 \quad (8.25)$$

$$s.t. \quad v = B_u u$$

$$u_{\min} \leqslant u \leqslant u_{\max}$$

式中，$W_u = \begin{vmatrix} w_e & & & \\ & w_A & & \\ & & w_B & \\ & & & w_c \end{vmatrix}$ 为控制加权矩阵，其中，权重参数 w_e，w_A，w_B，w_c

分别对应发动机转矩、电机 A 转矩、电机 B 转矩和离合器转矩；u_d 为目标控制量，用以约束实际控制量，使得目标函数取得最小值。该优化问题的拉格朗日函数为

$$L(u, \ \lambda, \ \mu) = J_u + \sum_{j=1}^{2} \lambda_i f_i(u) + \sum_{k=1}^{8} \mu_k h_k(u) \qquad (8.26)$$

式中，$f_i(u)(i=1, \ 2)$ 为等式约束，表达式如下：

$$\begin{cases} f_1(u) = a_1 u_1 + b_1 u_2 + c_1 u_3 + d_1 u_4 - v_1 \\ f_2(u) = a_2 u_1 + b_2 u_2 + c_2 u_3 + d_2 u_4 - v_2 \end{cases} \qquad (8.27)$$

$h_k(u) \ (k=1, \ 2, \ \cdots, \ 8)$ 为不等式约束，表达式如下：

$$\begin{cases} h_i(u) = u_i - u_{i\max} \ (i=1, \ 2, \ 3, \ 4) \\ h_{j+4}(u) = u_{j\min} - u_j \ (j=1, \ 2, \ 3, \ 4) \end{cases} \qquad (8.28)$$

采用库恩塔克（Karush-Kuhn-Tucker，KKT）条件求解此类同时存在等式和不等式约束的最优化问题。

最终求得实际最优控制量为

$$\begin{cases} u_1^* = -\dfrac{(v_2 n - v_1 m_2)a_1 + (v_1 n - v_2 m_1)a_2}{(n^2 - m_1 m_2)} w_A^2 w_B^2 w_c^2 \\[3mm] u_2^* = -\dfrac{(v_2 n - v_1 m_2)b_1 + (v_1 n - v_2 m_1)b_2}{n^2 - m_1 m_2} w_e^2 w_B^2 w_c^2 \\[3mm] u_3^* = -\dfrac{(v_2 n - v_1 m_2)c_1 + (v_1 n - v_2 m_1)c_2}{n^2 - m_1 m_2} w_e^2 w_B^2 w_c^2 \\[3mm] u_4^* = -\dfrac{(v_2 n - v_1 m_2)d_1 + (v_1 n - v_2 m_1)d_2}{n^2 - m_1 m_2} w_e^2 w_A^2 w_B^2 \end{cases} \qquad (8.29)$$

式中

$$\begin{cases} m_1 = (-a_1^2 w_A^2 w_B^2 w_c^2 - b_1^2 w_e^2 w_B^2 w_c^2 - c_1^2 w_e^2 w_A^2 w_c^2 - d_1^2 w_e^2 w_A^2 w_B^2) \\ m_2 = (-a_2^2 w_A^2 w_B^2 w_c^2 - b_2^2 w_e^2 w_B^2 w_c^2 - c_2^2 w_e^2 w_A^2 w_c^2 - d_2^2 w_e^2 w_A^2 w_B^2) \\ n = (-a_1 a_2 w_A^2 w_B^2 w_c^2 - b_1 b_2 w_e^2 w_B^2 w_c^2 - c_1 c_2 w_e^2 w_A^2 w_c^2 - d_1 d_2 w_e^2 w_A^2 w_B^2) \end{cases}$$

综上所述，针对离合器接合阶段的复杂模型，基于模型预测与控制分配的转矩协调控制策略如图 8.7 所示。

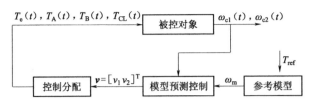

图 8.7　基于模型预测与控制分配的转矩协调控制策略

8.3.2　基于电机转矩的动态补偿控制策略

针对制动器分离阶段，从图 8.6（j）和（k）的仿真结果可以发现，该过程中机电复合传动系统会产生较大的输出转矩波动，同时瞬态加速度会出现负值，进而导致较大的车辆冲击。本节将基于理论分析阐述输出转矩波动产生的原因，并提出电机转矩动态补偿的控制方法，实现降低输出转矩波动的目的。

8.3.2.1　稳态输出转矩

由于机电复合传动系统模式切换过程的操纵时序是先接合离合器，然后再分离制动器，因此当离合器锁止且制动器未开始分离时，机电复合传动系统的拓扑结构如图 8.8 所示。定义该模式为固定挡模式，属于 EVT1 模式切换到 EVT2 模式的过渡状态。

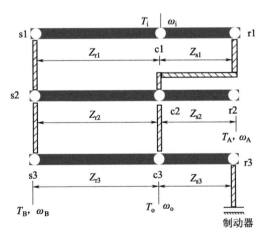

图 8.8　机电复合传动系统的拓扑结构

功率耦合机构在固定挡模式下转速关系式为

$$\omega_A = -(1+K_2)\omega_i + \frac{1+K_1+K_1K_2}{K_1}\omega_o \qquad （8.30）$$

$$\omega_B = -(1+K_2)\omega_i + K_2\omega_o$$

此时，机电复合传动系统的稳态输出转矩关系式为

$$T_{out} = -\frac{(1+K_1+K_3)i_q}{1+K_1}T_e + \frac{(K_3-K_2)}{K_2}T_{MG1} - (1+K_3)T_{MG2} \qquad (8.31)$$

8.3.2.2　动态输出转矩

前文公式给出了机电复合传动系统在制动器分离阶段的复杂模型，忽略前述传动弹性联轴器和行星排惯量的影响，推导该过程的动态输出转矩公式为

$$T_{out} = T_{r1} + T_{c2} + T_{c3}$$

$$= -\frac{K_1}{1+K_1}\left(i_qT_e - \frac{J_e\dot{\omega}_e}{i_q}\right) - \frac{1+K_2}{K_2}(T_{MG1} - J_{MG1}\dot{\omega}_{MG1}) - (1+K_3)(T_{MG2} - T_{s1} - T_{s2} - J_{MG2}\dot{\omega}_{MG2})$$

$$= \underbrace{-\frac{(1+K_1+K_3)i_q}{1+K_1}T_e + \frac{(K_3-K_2)}{K_2}T_{MG1} - (1+K_3)T_{MG2} +}_{稳态}$$

$$\underbrace{\frac{(1+K_1+K_3)}{i_q(1+K_1)}J_e\dot{\omega}_e + \frac{(K_2-K_3)}{K_2}J_{MG1}\dot{\omega}_{MG1} + (1+K_3)J_{MG2}\dot{\omega}_{MG2}}_{瞬态}$$

$$\qquad (8.32)$$

对比式（8.31）和式（8.32）可以发现，制动器分离阶段的输出转矩由两个部分构成：稳态分量和瞬态分量。瞬态分量由发动机和两个电机的惯性转矩构成，是导致输出转矩波动的主要原因。因此，如何消除瞬态分量对输出转矩波动的影响，是制动器分离阶段控制策略的主要目标。

8.3.2.3　动态补偿控制策略

进一步分析输出转矩的瞬态分量可得

$$T_{out\_trans} = \frac{(1+K_1+K_3)}{i_q(1+K_1)}J_e\dot{\omega}_e + \frac{(K_2-K_3)}{K_2}J_{MG1}\dot{\omega}_{MG1} + (1+K_3)J_{MG2}\dot{\omega}_{MG2}$$

$$= \frac{(1+K_1+K_3)}{i_q(1+K_1)}J_e\dot{\omega}_e + \frac{(K_2-K_3)}{K_2}J_{MG1}\dot{\omega}_{MG1} + (1+K_3)(T_{MG2} - T_{s1} - T_{s2} - T_{s3})$$

$$= \frac{1+K_3}{1+K_1}i_qT_e + (1+K_3)T_{MG2} - \frac{1+K_3}{K_2}T_{MG1} - \frac{1+K_3}{K_3}T_{r3} +$$

$$\frac{K_1}{i_q(1+K_1)}J_e\dot{\omega}_e + \frac{1+K_2}{K_2}J_{MG1}\dot{\omega}_{MG1}$$

$$\qquad (8.33)$$

由仿真结果图 8.6（b）可知，制动器分离阶段发动机和电机 A 的转速基

本保持不变，因此这里假设 $\dot{\omega}_{\mathrm{e}} \approx \dot{\omega}_{\mathrm{MG1}} \approx 0$ ；另外，由于第三排齿圈的惯量 J_{r3} 非常小，可以忽略不计，因此根据制动器分离阶段动力学方程，可得到 $T_{\mathrm{r3}} \approx T_{\mathrm{BK}}$ 。综上所述可得

$$T_{\mathrm{out\_trans}} = \frac{1+K_3}{1+K_1} i_{\mathrm{q}} T_{\mathrm{e}} + (1+K_3) T_{\mathrm{MG2}} - \frac{1+K_3}{K_2} T_{\mathrm{MG1}} - \frac{1+K_3}{K_3} T_{\mathrm{BK}} \qquad （8.34）$$

由于电机的转矩响应特性快，控制灵敏，这里提出在发动机和电机 A 的控制方式不变的情况下，利用电机 B 对输出转矩进行动态补偿的方法，使得输出转矩瞬态分量为零，达到抑制转矩波动的目的，即

$$T_{\mathrm{MG2\_control}} = -\frac{i_{\mathrm{q}}}{1+K_1} T_{\mathrm{e}} + \frac{1}{K_2} T_{\mathrm{MG1}} + \frac{1}{K_3} T_{\mathrm{BK}} \qquad （8.35）$$

因此，在制动器分离阶段电机 B 的需求转矩由能量管理策略分配的稳态转矩和切换过程中的控制转矩构成，即

$$T_{\mathrm{MG2\_demand}} = T_{\mathrm{MG2}} + T_{\mathrm{MG2\_control}} \qquad （8.36）$$

8.3.3　能量管理策略与模式切换控制策略

能量管理策略与模式切换控制策略作为机电复合传动系统综合控制策略的关键技术，前者面向的是系统工作模式内的稳态过程，针对车辆的低频动态包括 EVT1 模式和 EVT2 模式，以提高燃油经济性为控制目标；后者面向的是系统不同模式切换的瞬态过程，针对车辆的高频动态包括离合器接合阶段和制动器分离阶段，以提高驾驶性能和改善切换品质为控制目标。

总结前文内容，本书所研究的机电复合传动系统综合控制策略如下所述：针对 EVT1 模式和 EVT2 模式，采用能量管理策略计算发动机和两个电机的转速与转矩需求，并通过动态协调控制作用于被控对象；针对离合器接合阶段，采用所提出的基于模型预测与控制分配的转矩协调控制策略，用以协调发动机、电机 A、电机 B 和离合器转矩，减小车辆冲击和离合器的滑摩损失；针对制动器分离阶段，采用所提出的基于电机转矩的动态补偿控制策略，消除输出转矩的瞬态分量，达到降低输出转矩波动的效果。模式切换规则根据车速信号以及离合器和制动器的速差信号来判断是否切换到下一个工作模式。

因此，能量管理策略与模式切换控制策略在所制定的模式切换规则下相互配合，使得各部件协调工作以发挥机电复合传动系统的最大潜能与优势，其控制流程如图 8.9 所示。

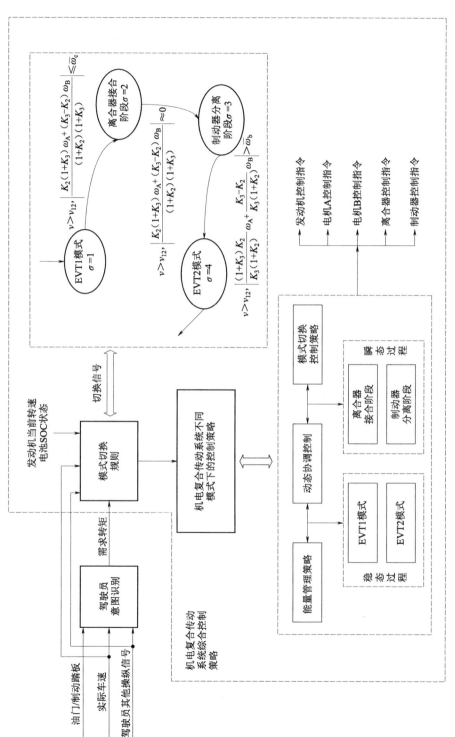

图 8.9　机电复合传动系统综合控制流程

| 8.4 仿真结果分析 |

为了验证本章所提出基于复杂模型的模式切换控制策略有效性以及控制参数的灵敏性，下面将采用机电复合传动系统仿真平台开展仿真分析，并对比不同控制参数带来的影响。

8.4.1 控制策略有效性分析

驾驶意图一般通过油门踏板来反映，驾驶员通过油门踏板来实现车辆加速的过程。车辆加速度是车速的导数，因此，车速是驾驶意图的一种直接反映。所以，本节的仿真分析将在某一段加速轨迹下进行，以反映驾驶员通过踩油门踏板实现车辆加速的典型过程，同时涵盖了机电复合传动系统从 EVT1 模式到 EVT2 模式的切换过程。由于模式切换过程时间非常短，仿真中设定模型预测控制器的采样时间间隔为 0.002 s，这样既可以保证模式切换动态过程中的稳定控制，又可以满足较大的控制计算量。经过大量的试验与调试，设置预测时域 $N = 4$，控制时域 $M = 8$，虚拟控制量的权重矩阵 $\boldsymbol{R}_v = \mathrm{diag}\,(2,\ 3)$，实际控制量的加权矩阵 $\boldsymbol{W}_u = \mathrm{diag}\,(2,\ 2,\ 8,\ 4)$，离合器接合速差的阈值为 $\bar{\omega}_c = 300$ r/min，制动器分离速差的阈值为 $\bar{\omega}_b = 10$ r/min。

这里采用上文基于规则的模式切换控制策略（Rule-based Control）为基准，与本章所提的模式切换控制策略（Proposed Control）进行对比，模式切换动态特性对比结果如图 8.10 所示。针对模式切换过程的切换品质，这里以模式切换持续时间、输出转矩的波动范围、车辆加速度的波动范围、车辆纵向冲击度的绝对值和离合器的滑摩功为评价指标。

如图 8.10（a）所示，模式切换过程被划分为四个阶段，切换信号 1，2，3，4 分别对应 EVT1 模式、离合器接合阶段、制动器分离阶段和 EVT2 模式。图 8.10（a）中，以虚线对 Rule-based Control 各个阶段进行了划分，以实线对 Proposed Control 各个阶段进行了划分。经简单计算可得，Proposed Control 和 Rule-based Control 的模式切换持续时间分别为 0.551 s 和 0.606 s，也就是说，采用 Proposed Control 后，机电复合传动系统的模式切换响应速度提高了 9%，其中离合器接合阶段减少了 0.034 s，制动器分离阶段减少了 0.021 s。

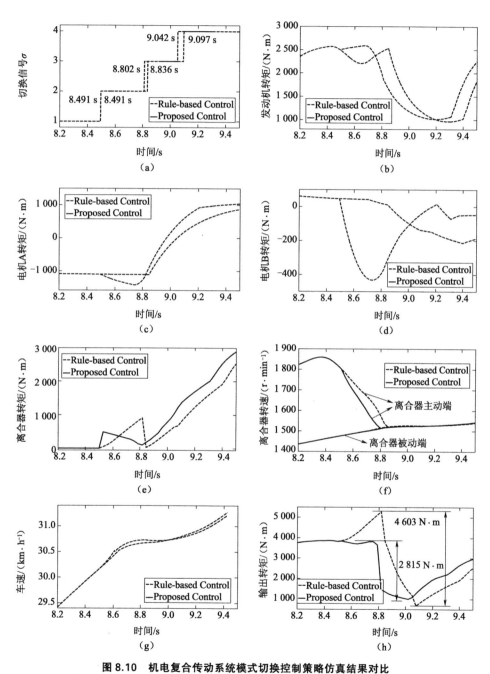

图 8.10　机电复合传动系统模式切换控制策略仿真结果对比

（a）切换信号；（b）发动机转矩；（c）电机 A 转矩；（d）电机 B 转矩；（e）离合器转矩；

（f）离合器转速；（g）车速；（h）输出转矩

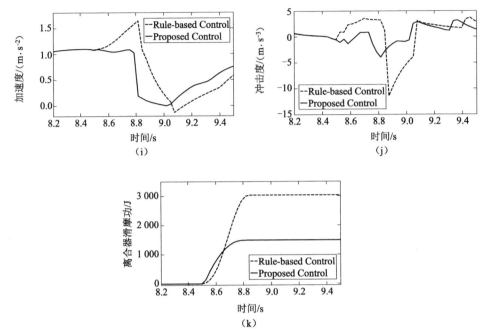

图 8.10　机电复合传动系统模式切换控制策略仿真结果对比（续）

（i）车辆纵向加速度；（j）冲击度；（k）离合器滑摩功

　　从系统部件层的角度出发，图 8.10（b）、（c）、（d）、（e）表明针对离合器接合阶段，Proposed Control 通过协调发动机转矩、电机 A 和电机 B 转矩，可以有效地补偿离合器转矩的变化。同时我们注意到，由于发动机转矩响应速度慢，而电机 A 又作为发动机的负载，因此在设置加权矩阵参数时，应尽量降低发动机转矩和电机 A 转矩的权重比例。另一方面，通过增加电机 B 转矩的权重比例可以在保证响应速度快的前提下，改进对离合器的转矩补偿效果。针对制动器分离阶段，Proposed Control 能够协调电机 B 产生控制转矩，以补偿输出转矩的瞬态波动量。

　　图 8.10（g）、（h）、（i）、（j）所示分别为车速、输出转矩、加速度和冲击度的变化曲线。可以看出，在模式切换过程中 Rule-based Control 的输出转矩、加速度和冲击度存在较大的波动，输出转矩波动量达到 4 603 N·m，加速度波动量出现负值现象，离合器接合瞬间冲击度绝对值达到 13.87 m/s³；相比之下，采用 Proposed Control 减小了车速的波动范围，车速变化更加平稳，输出转矩波动范围降低到 2 815 N·m，加速度波动和车辆纵向冲击度波动更小，同时避免了加速度波动负值的出现，离合器接合瞬间无明显冲击，离合器接合阶段冲击度绝对值为 3.79 m/s³。通过定量的比较，模式切换过程中采用 Proposed

Control 得到输出转矩、加速度和冲击度变化范围比 Rule-based Control 分别降低了 39%，43% 和 74%。

采用 Rule-based control 时输出转矩、加速度和冲击度产生较大波动的原因在于，针对离合器接合阶段，快速充油的方式虽然能迅速接合离合器的主、被动端，但会造成较大的瞬时冲击；针对制动器分离阶段，基于上文理论分析可知发动机和两个电机惯性转矩的动态特性差异，导致输出转矩不可避免地产生一定波动量；相比之下，Proposed Control 通过协调发动机和两个电机转矩，可有效地补偿离合器转矩，以适应被控系统中的各种非线性变化，同时保证离合器转矩的连续性，避免切换瞬间的冲击；另外，电机 B 的控制转矩补偿了输出转矩的瞬态分量，进而有效地抑制了输出转矩的波动。

由图 8.10（k）可以看出，针对离合器接合阶段，Proposed Control 产生的滑摩功为 3 035 J，Rule-based Control 产生的滑摩功则为 1 435 J。根据之前的理论分析可知，离合器滑摩功与离合器主、被动端的速差、摩擦转矩和滑摩时间三个因素有关，图 8.10（a）、（e）、（f）仿真结果表明，采用 Proposed Control 后，以上三个因素的仿真结果均小于 Rule-based Control。因此，滑摩功降低了 53%。

表 8.1 给出了在 Rule-based Control 和 Proposed Control 两种控制策略下模式切换品质评价指标的对比结果。

表 8.1　模式切换品质评价指标对比

参数	Rule-based Control	Proposed Control	范围降低
模式切换时间	0.606 s	0.551 s	9%
输出转矩波动	4 603 N·m	2 815 N·m	39%
加速度波动范围	[−0.14 m/s², 1.65 m/s²]	[0.02 m/s², 1 m/s²]	43%
冲击度波动范围	[−13.87 m/s³, 3.55 m/s³]	[−3.79 m/s³, 0.82 m/s³]	74%
离合器滑摩功	3 035 J	1 435 J	53%

综上所述，在切换系统概念描述下的机电复合传动系统模式切换过程中，针对离合器接合阶段和制动器分离阶段，分别采用基于模型预测与控制分配的转矩协调控制策略和基于电机转矩的动态补偿控制策略，在保证模式切换响应速度快和车速稳步上升的前提下，能够有效地降低输出转矩和加速度的波动范围，同时减小车辆的冲击度和离合器的滑摩功，因此显著地改善了模式切换过程的切换品质，保证了机电复合传动系统的驾驶性能。

8.4.2 控制参数灵敏性分析

为了更好地验证本章所提模式切换控制策略的性能，下面将分析几个关键参数对模式切换控制效果的影响。

8.4.2.1 离合器转矩权重参数

根据前文可知，在基于最小化的控制分配中，控制加权矩阵 W_u 的设置决定着发动机、电机 A、电机 B 和离合器转矩，而离合器转矩的变化趋势又直接影响着模式切换响应速度的快慢、输出转矩的波动以及滑摩功。因此，这里在保证其他参数不变的情况下，离合器转矩权重参数 W_c 分别取 2，4 和 8，图 8.11 分别给出了不同 W_c 数值下的仿真结果。

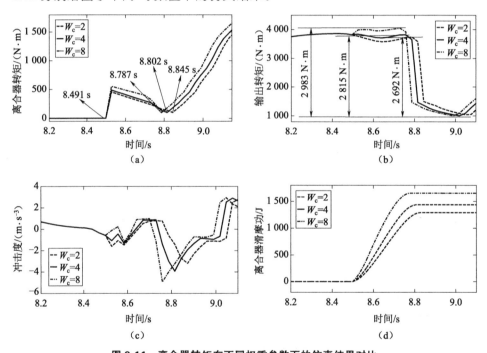

图 8.11 离合器转矩在不同权重参数下的仿真结果对比
（a）离合器转矩；（b）输出转矩；（c）冲击度；（d）离合器滑摩功

由仿真结果可以看出，W_c 取值越大，离合器转矩越大，变化速率变快，使得离合器滑摩时间缩短，但会导致更大的输出转矩波动和瞬时冲击，同时也增加了离合器的滑摩功。定量计算，W_c 取值 2，4 和 8 时，离合器滑摩时间分别为 0.354 s，0.311 s 和 0.296 s，输出转矩波动范围分别为 2 692 N·m，2 815 N·m

和 2 983 N·m，离合器接合瞬时冲击绝对值分别为 2.98 m/s³，3.79 m/s³ 和 4.93 m/s³，离合器滑摩功分别为 1 288 J，1 435 J 和 1 654 J。因此，W_c 的取值影响着所提模式切换控制策略的控制效果。综合考虑以上因素，$W_c = 4$ 时控制效果更为合理。

8.4.2.2　离合器速差阈值参数

在保证其他参数不变的情况下，离合器接合速差阈值 $\Delta\omega_c$ 分别取 150 r/min，250 r/min 和 300 r/min，仿真结果如图 8.12 所示。可以看出，$\Delta\omega_c$ 取值越小，离合器滑摩时间越短，离合器转矩需求越小，使得输出转矩波动和滑摩功越小。定量计算，$\Delta\omega_c$ 取值 150 r/min，200 r/min 和 300 r/min 时，离合器滑摩时间分别为 0.292 s，0.304 s 和 0.311 s，输出转矩波动范围分别为 2 564 N·m，2 728 N·m 和 2 815 N·m，离合器接合瞬时冲击度绝对值分别为 4.98 m/s³，4.42 m/s³ 和 3.79 m/s³，离合器滑摩功分别为 519 J，1 049 J 和 1 435 J。在实际系统中，由于传感器误差和执行器的延迟特性，通过选择较小的 $\Delta\omega_c$ 来实现缩短模式切换时间是不现实的；另外，由图 8.12（c）可以发现，较小的 $\Delta\omega_c$ 意味着会造成较大的离合器接合瞬时冲击。

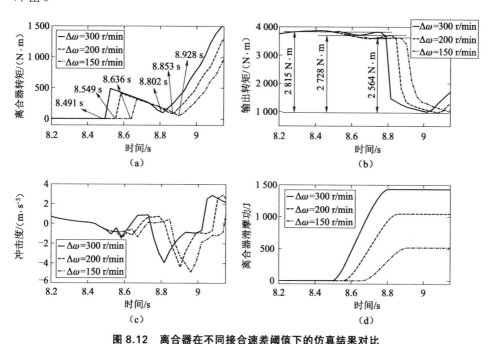

图 8.12　离合器在不同接合速差阈值下的仿真结果对比

（a）离合器转矩；（b）输出转矩；（c）冲击度；（d）离合器滑摩功

8.5 本章小结

本章基于机电复合传动的复杂模型，开展了模式切换控制策略的研究，主要内容如下。

首先，对模式切换过程相关问题进行描述，包括操纵元件的动作时序问题、电机调速问题以及操纵元件的油压控制问题。

其次，为了表征机电复合传动多动力源转矩的动态特性，通过引入切换系统的概念，将机电复合传动描述为一个集离散事件动态系统和连续变量动态系统为一体的切换系统，建立了机电复合传动的复杂模型，在此基础上利用仿真平台采用基于规则的模式切换控制策略分析了模式切换过程的动态特性。

然后，为了实现机电复合传动多动力源转矩的协调和解耦，完成快速平稳的模式切换，针对离合器滑摩阶段，采用基于模型预测控制分配的转矩协调控制策略，通过协调控制发动机、电机 A 和电机 B，有效地补偿了离合器转矩，解决了离合器传递转矩的不连续性所造成的冲击与滑摩功的矛盾；针对制动器分离阶段，提出了基于电机转矩的动态补偿控制策略，消除了发动机和电机惯性转矩差异所造成的输出转矩瞬态分量。

最后，通过仿真验证了本章所提出的模式切换控制策略有效性，并分析了控制参数对控制效果的影响。仿真结果表明，机电复合传动在所提出的模式切换控制策略的作用下，能够在保证模式切换响应速度快和车速稳步上升的同时，有效地降低输出转矩波动和加速度波动，减小车辆的冲击度和离合器的滑摩功，显著地改善模式切换品质，提高车辆的驾驶性能。

第 9 章

台架试验

9.1 引　　言

　　上文关于机电复合传动系统模式切换控制策略的研究主要是基于数学方程和仿真模型的理论分析，但考虑到建模过程中的简化以及实际参数的偏差，在模拟精度与实时性等方面与实际的车辆运行必然存在一定的误差，因此需要设计闭环试验对所提出的模型和控制策略进行验证。对于本书所研究的机电复合传动系统，台架试验是接近实际运行的一种高效试验测试方式。本章将在硬件在环试验的基础上，通过台架试验进行工作模式实现的稳态试验和仿真模型的校验试验，并验证第 5 章模式切换控制策略的实际控制效果。

9.2　硬件在环平台

　　硬件在环仿真的含义是将系统中的某一实物部件连接到虚拟的仿真接口，通过将其他部件虚拟化使得能够以较低的成本验证实物部件在系统中的性能。本书待验证的实物部件为整车控制器，开发的实际整车控制器通过硬件 I/O 通信接口，与一台模拟车辆的设备相连接。硬件在环仿真和软件仿真所使用的控制算法是一致的，不同的是在软件仿真中，控制器与被控对象是运行在同一个仿真环境中，两者之间的数据交流直接在软件中进行；而针对硬件在环仿真，控制器模型与被控对象模型是在不同的硬件环境中，实际控制器与车辆模型仿真器之间的数据需要通过硬件通信来实现。如图 9.1（a）所示，硬件在环仿真给控制器的开发提供了一个更为真实的环境，可以用以验证控制器的有效性与实时性，并检验控制器的通信功能。

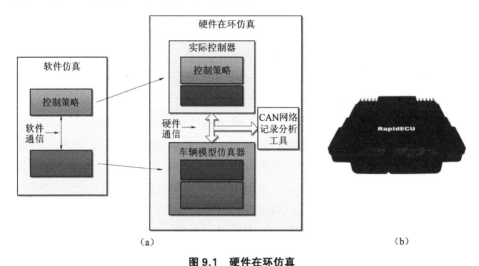

（a）　　　　　　　　　　　　　　　　　　（b）

图 9.1　硬件在环仿真

（a）硬件在环仿真原理；（b）RapidECU 控制器硬件实物

将软件仿真中的控制算法下载到实际控制器中需要采用中国华海科技的ECUcoder 技术，通过在 Matlab 中将控制算法与控制器底层驱动模块相配置，自动将算法模型编译成 C 代码，并利用 Code Warrior 编译下载到实际控制器中。

实际控制器使用的是中国华海科技的 RapidECU 快速原型控制器硬件，如图 9.1（b）所示。在硬件在环仿真中，采用了两台 RapidECU 硬件，分别作为实际控制器与车辆模型仿真器，两者之间通过 CAN 总线通信。在仿真过程中，实际控制器做出控制指令，通过 CAN 通信接口传送至 CAN 总线上，车辆模型仿真器同时通过 CAN 通信接口接收总线上的控制指令，并模拟车辆各个部件的运行，再将车辆各部件运行状态通过 CAN 通信反馈给实际控制器，完成控制器的硬件在环仿真测试。

硬件在环仿真的结果分析主要是通过 CAN 网络上数据的记录与解析来实现的。通过分析控制器 CAN 数据的发送间隔，可以检测控制器之间 CAN 通信功能是否正常。进一步将 CAN 网络上数据解析为物理量，与软件仿真的结果相对比，就可以检验控制算法应用在控制器上的有效性与实时性。在理想情况下，硬件在环仿真的结果应该与软件仿真的结果接近。由于硬件在环仿真主要实现的是控制器的功能验证，而控制器将会在后文台架试验中使用，因此这里不再展开论述硬件在环仿真的结果。

|9.3 台架试验平台|

机电复合传动系统台架试验平台由发动机及其控制器、电机及其控制器、机电复合传动装置及其试验包箱、动力电池组、可控加载的负载系统、高精度多通道数据采集系统、实时仿真系统、快速原型控制系统、润滑供油系统、高精度转速/转矩传感器等设备组成，台架试验系统结构如图9.2所示。其中，机电复合传动装置包括电机A、电机B、功率耦合装置和变速器等，其控制器安装在专门的机柜中；机电复合传动装置的输入轴和两侧输出轴都装有转速/转矩传感器，可以实时采集三个端口上的转速转矩信息；惯量组模拟整车惯量，在满足整车等效总惯量前提下，惯量值可调整，在试验初期可利用小惯量避免过大的冲击，保证系统安全；测功机可调整加载转矩，满足动力系统的加载要求。另外，台架系统还包括专门的冷却系统，用以满足发动机、机电复合传动装置、测功机等的散热要求。

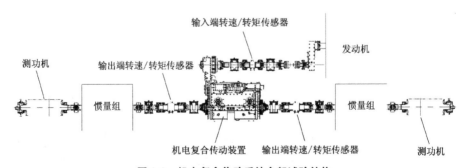

图9.2 机电复合传动系统台架试验结构

台架试验采用的是基于CAN总线的分布式控制系统，如图9.3所示，其主要模块包括综合控制器、发动机控制器、电机控制器、动力电池管理系统。整车综合控制器采用RapidECU硬件，通过CAN总线与驾驶员操纵平台和部件控制器实现数据的通信交换，并且与驾驶员操纵和综合控制台等都有相应的接口，可以远程控制机电复合传动系统的台架试验过程。各部件控制器分别采集各控制对象的信号与状态参数，通过 CAN 总线传送给综合控制器。综合控制器则根据部件控制器发送的信息，通过控制策略的运算来进行信号流和能量流的处理和分配，并通过 CAN 总线向各部件控制器发送控制命令，完成综合控制策略的反馈闭环。

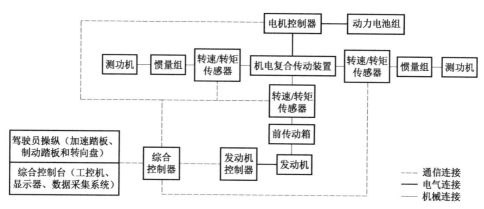

图 9.3　基于 CAN 总线的分布式控制系统布置

机电复合传动系统主要试验设备和装置见表 9.1。

表 9.1　机电复合传动系统主要试验设备和装置

项目	设备名称	技术指标
动力装置	发动机	900 kW，额定转速 2 080 r/min
	动力电池组	70 Ah，900 V
加载装置	液粘测功机	0 ~ 6 000 N·m
	电涡流测功机	0 ~ 2 000 N·m
惯性模拟装置	机械惯量组	200 kg·m²
人机接口	驾驶员操纵台	转向盘转角：±45°；油门踏板：0 ~ 100%
测试系统	IMC 动态数据采集系统	32 通道，100 kS/s/Ch
	转矩仪（输入）	0 ~ 5 000 N·m，0 ~ 6 000 r/min，精度 ±0.2%
	转矩仪（输出）	0 ~ 20 000 N·m，0 ~ 4 000 r/min，精度 ±0.2%
	温度传感器	PT1000，−40 ~ 200℃，精度 ±1.5%
	压力传感器	0 ~ 4 MPa，精度 ±1.5%
	电流传感器	0 ~ 500 A，精度 ±1.5%
	电压传感器	0 ~ 1 500 V，精度 ±1.5%
试验台辅助系统	加温系统	温度调节范围：20 ~ 100℃
	冷却系统	散热面积：16 m²

|9.4 台架试验结果|

当完成机电复合传动系统台架搭建以后，首先进行系统的联调，确保机械系统、电控系统、液压系统、温度调节系统可以正常工作。在此基础上，主要进行三个方面的试验。

（1）EVT 工作模式的实现试验，主要验证机电复合传动系统综合控制策略的稳态控制效果；

（2）EVT 模式切换过程的试验，主要验证在模式切换过程中，本书所提出的模式切换控制策略能够通过协调控制发动机、电机和离合器，改善模式切换品质，提高驾驶性能的实际控制效果。

9.4.1 EVT 工作模式的实现试验

图 9.4 是机电复合传动系统 EVT 工作模式的实现试验结果，可以看出，在 EVT 工作模式试验当中，机电复合传动系统试验台架首先由电机 A 反拖起动发动机，并且调整到发动机的怠速状态 800 r/min 附近，该阶段车速为零，电机 A 处于电动模式，电机 B 处于制动状态用以压制车速的上升；当发动机转速稳定后，制动器接合，随后系统以 EVT1 模式（切换信号为 2）开始工作，随着发动机转速的不断上升，由输出转速换算得来的车速亦随之上升，该阶段电机 A 处于发电模式并输出负扭矩和负功率，电机 B 处于电功模式并输出正扭矩和正功率，用以辅助发动机驱动车辆行驶；当车速到达切换门限值 32 km/h 左右时，发动机和电机 A 的转速均有一定幅度的调整，从而降低离合器主、被动端的速差，此时离合器油压曲线上升完成接合过程，制动器分离，系统切换到 EVT2 模式（切换信号为 3），同时电机 A 从发电模式切换到电动模式，电机 B 从电动模式切换到发电模式；进入 EVT2 模式后，发动机维持在额定转速附近，此时车速保持平稳不变；在最后的减速阶段中，开始阶段系统处于 EVT2 模式（切换信号 3），通过下调发动机转速，车速随之呈现下降趋势，此时电机 A 处于电动模式并输出正扭矩和正功率，电机 B 处于发电模式并输出负扭矩和负功率；当车速到达切换门限值 25 km/h 左右时，发动机和电机 B 的转速均有一定幅度的调整，从而降低制动器主、被动端的速差并完成接合过程，同时离合器油压曲线下降完成分离过程，系统切换到 EVT1 模式（切换信号为 1），电机 A 从电动模式切换到发电模式，电机 B 从发电模式切换到电动模式。

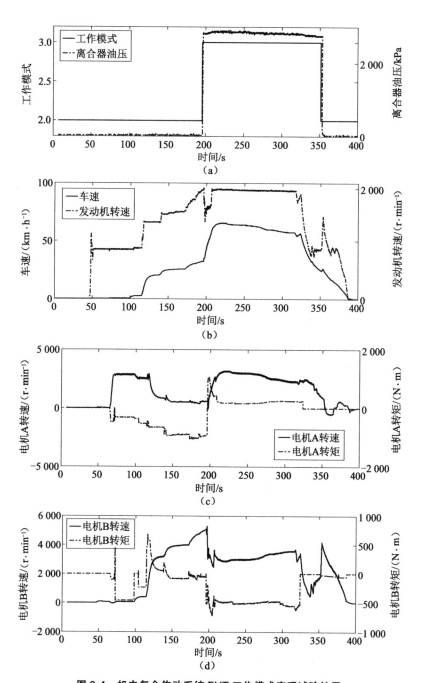

图 9.4　机电复合传动系统 EVT 工作模式实现试验结果

（a）工作模式和离合器 C1 油压变化过程；（b）车速和发动机转速变化过程；
（c）电机 A 转速和转矩变化过程；（d）电机 B 转速和转矩变化过程

因此，通过对 EVT 工作模式进行实际运行和验证，表明所设计的控制策略可以实现预期的控制功能，所设计的机电复合传动系统台架可以实现基本工作模式。

9.4.2 EVT 模式切换过程的试验

在机电复合传动模式切换控制策略的研究中，针对离合器滑摩阶段提出了基于模型预测控制分配的转矩协调控制策略，针对制动器分离阶段提出了基于电机转矩的动态补偿控制策略，并通过仿真验证了所提出模式切换控制策略的有效性。因此，本节将基于台架试验平台对第 8 章所提出的模式切换控制策略进行试验验证，同时与基于规则的模式切换控制策略进行对比。

与第 5 章仿真分析部分相同，模式切换试验验证同样采用截取一段加速轨线的方法，用以表征机电复合传动 EVT 模式切换的瞬态过程。图 9.5 所示为采用所提出的模式切换控制策略的台架试验结果，车辆首先以 EVT1 模式开始工作，当车速到达 32 km/h 左右时，系统进入模式切换阶段，其中 P 到 Q 代表离合器滑摩阶段，Q 到 R 代表制动器分离阶段。可以看出，该阶段在所制定的模式切换控制策略下，通过协调控制发动机转矩、电机 A 转矩和电机 B 转矩以及离合器执行机构的油压，有效地提高了模式切换的响应速度，补偿了传动系统的输出转矩波动，降低了切换过程的瞬时冲击，减小了离合器的滑摩功，因此显著地改善了模式切换品质。其中，模式切换时间为 0.865 s，输

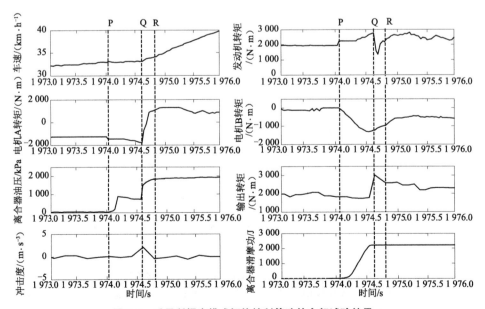

图 9.5　采用所提出模式切换控制策略的台架试验结果

出转矩波动为 1 238 N·m，冲击度波动范围为 [−0.4 m/s³, 2.1 m/s³]，离合器滑摩功为 2 203 J。相比之下，当采用基于规则的模式切换控制策略时（图9.6），瞬态过程中系统响应速度较慢，同时产生较大的冲击转矩，导致车辆的冲击度波动范围和离合器滑摩功较大，其中，模式切换时间为 1.096 s，输出转矩波动为 4 841 N·m，冲击度波动范围为 [−4.1 m/s³, 6.8 m/s³]，离合器滑摩功为 5 363 J。

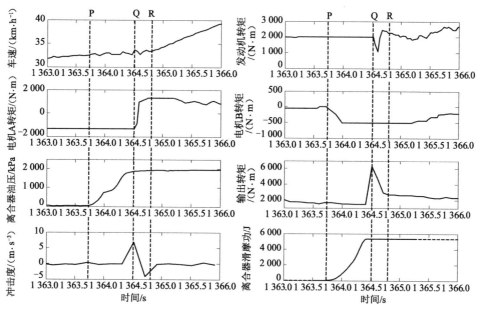

图 9.6　采用基于规则的模式切换控制策略的台架试验结果

通过定量比较试验中模式切换时间、输出转矩波动、冲击度波动范围和离合器滑摩功，采用所提出的模式切换控制策略与基于规则的模式切换控制策略相比，以上参数分别降低了 21%，74%，77% 和 59%，表 9.2 详细给出了试验数据中模式切换评价指标对比。

表 9.2　试验数据中模式切换评价指标对比

参数	Rule-Based Control	Proposed Control	降低
模式切换时间	1.096 s	0.865 s	21%
输出转矩波动量	4 841 N·m	1 238 N·m	74%
冲击度波动范围	[−4.1 m/s³, 6.8 m/s³]	[−0.4 m/s³, 2.1 m/s³]	77%
离合器滑摩损失	5 363 J	2 203 J	59%

|9.5 本章小结|

    本章介绍了实际控制器硬件在环仿真的平台构建方法，通过搭建台架试验平台，开发了综合控制系统，构建了由硬件在环仿真和台架试验组成的机电复合传动控制策略验证平台。

    本章通过台架试验完成了 EVT 工作模式的实现试验，验证了机电复合传动综合控制策略的稳态控制效果；随后，开展了 EVT 模式切换过程的台架试验，完成了对第 8 章所提出的模式切换控制策略的验证。试验结果表明：与基于规则的模式切换控制策略相比，机电复合传动在所提出的模式切换控制策略的作用下，通过协调控制发动机、电机 A、电机 B 和离合器，能够在保证模式切换响应速度更快的同时，有效地降低输出轴的转矩波动和车辆冲击度，同时减小离合器的滑摩功，因此显著地改善了模式切换品质，具有较好的实用价值。

第 10 章

结论与展望

| 10.1　结　　论 |

　　本书的主要成果是在原"973"计划、国家重点基础研究发展计划和多个国家自然科学基金项目的支撑下，主要针对复杂机电复合传动所特有的模式切换规律和模式切换品质控制开展研究。完成的具体工作如下：

　　（1）采用试验建模和理论建模相结合的方法建立了关键部件的数学模型，分析了机电复合传动的机械点分布和不同速比情况下的功率流情况，提出一种考虑到功率分配装置机械损失的混合动力车辆综合效率分析模型。本书提出的功率分配装置效率模型应用于能源效率最优化策略时与实际效率的误差为1.38%，应用于自适应等效燃油消耗最小化策略时与实际效率的误差为3.65%。提出的效率模型能相对准确地映射功率分配装置的实际效率。

　　（2）提出了适用于混联式混合动力车辆的以等效燃油消耗最小为优化目标的自适应等效燃油消耗最小化策略（A-ECMS）；针对A-ECMS应用于双模混联式混合动力车辆时的优化效率较低的情况，又提出了一种能源效率最优化策略（EEMS）。EEMS用于优化求解UDDS工况的最优控制律时，在保证良好燃油经济性的前提下（仅比A-ECMS多消耗1.4%的燃油），其计算机仿真时间仅约为等效燃油消耗最小化策略的1/12，可大幅提高混合动力车辆的优化效率，保证了算法的实时应用潜力。

（3）针对具有多个工作模式的混联式混合动力车辆，设计了以车速、电池许用功率为输入参数的动力性模式切换规则，基于等效燃油消耗最小化优化算法设计了以车速、油门开度、等效因子为输入参数的经济性模式切换规则。在 UDDS 工况下，将本章提出的模式切换规则嵌入 ECMS 架构中，比直接采用传统单参数模式切换规则提升 16.6% 的燃油经济性。

（4）在设计的经济性模式切换规则基础上，利用滞回修正系数在牺牲部分经济性的前提下减少模式频繁切换现象的发生。在基于 ECMS 设计的经济性模式切换规则基础上，引入 0.95 的修正因子可在 UDDS 工况下保证模式切换时间间隔不小于 10 s，而燃油消耗仅增加约 1.06%；在 UDDSHDV 工况下，采用值为 0.95 的修正因子可在燃油消耗增加约 3.85% 的前提下保证模式切换时间间隔不小于 10 s。因此采用合适的修正因子可在保证良好燃油经济性的前提下减少模式频繁切换现象的发生。

（5）针对复杂机电复合传动所特有的工况转换和模式切换过程，建立了机电复合传动由机电驱动到机械驱动、机电驱动到纯电驱动以及机械驱动到纯电驱动模式切换过程中的线性时不变动力学方程，并推导出对应的状态空间表达式，运用李雅普诺夫定理分析了系统矩阵的特征值分布及其稳定性特征。仿真结果表明：当车辆采用机电复合传动方案后，机电驱动模式、机械驱动模式与纯电驱动模式间的模式切换可以实现平滑过渡，使得车辆在模式切换前后不发生失稳现象，同时保持良好的驱动性能。

（6）利用中心流形定理解决了在线性化失效时李雅普诺夫定理无法判定系统平衡点的稳定性问题，并推导出模式切换稳定域。通过稳定性影响因素分析发现，在发动机初始工作转速小于 1 500 r/min，给定发电机载荷较大以及阶跃载荷上升时间较快的情况下，机电复合传动在模式切换过程中会出现失稳现象，表现为发动机停机。基于稳定性影响因素的分析结果，提出了机电复合传动控制失稳的技术措施：采用上调发动机初始工作转速、降低发电机给定转矩或者延长发电机转矩响应时间的方法，能够有效地避免模式切换失稳现象的发生，保证模式切换的稳定性；通过延长发电机转矩响应时间常数和延长制动器的缓冲时间常数，可降低发动机和发电机轴上的动载荷，进而改善系统工作的平顺性。

（7）提出了一种基于模型参考自适应（MRAC）的转矩协调控制策略，该策略采用超稳定性理论方法分别设计了线性补偿器和自适应反馈控制器，与基于规则的操作方法相比，仿真结果验证了 MRAC 在保证响应速度的前提下，能够有效地降低车辆冲击度和离合器滑摩功。

（8）为了进一步提升协调控制中离合器转矩补偿的效果，研究又提出一种基于模型预测控制分配（MPCA）的转矩协调控制策略。通过分析离合器接合过程中的过驱动问题，借鉴参考模型的思想，通过模型预测控制方法处理了约束控制问题，并规划出最优虚拟控制量，然后基于控制量最小化的分配方法将最优虚拟控制量通过适当的加权分配到实际控制量。相比 MRAC，仿真结果验证 MPCA 能够实现进一步提升离合器转矩补偿的效果，使得离合器滑摩响应速度更快、车辆冲击度更小、离合器的滑摩功更低，显著地改善了离合器接合过程的切换品质。

（9）基于机电复合传动台架试验平台完成了工作模式的实现试验和模式切换的验证试验。试验结果表明所提出的模式切换控制策略能够实现预期控制目标，显著地改善模式切换品质，具有较好的实用价值。

|10.2 创 新 点|

本书研究工作的主要创新点总结为以下几个方面：

（1）提出了适用于双模混联式混合动力车辆的自适应等效燃油消耗最小化策略（A-ECMS）。在功率分配装置效率模型的基础上进一步提出了能源效率模型，设计了能源效率最优化策略（EEMS）来解决 A-ECMS 实时应用时存在的优化效率问题，在保证良好燃油经济性的同时大幅提高了优化效率。

（2）提出了利用滞回修正因子对模式切换规则进行修正的切换规则，在保证较好经济性的前提下延长了模式切换最小时间间隔，避免双模混联式混合动力车辆出现频繁模式切换的问题，提升了车辆驾驶性能。

（3）提出了机电复合传动模式切换控制失稳的技术措施。围绕空挡到停车发电模式切换过程的非线性时变动力学模型，基于中心流形定理解决了线性化失效后李雅普诺夫定理无法判定平衡点稳定性的问题，推导了模式切换稳定域，通过稳定性影响因素分析确定了控制失稳的技术措施。

（4）提出了一种能够实现机电复合传动多动力源转矩协调与解耦的模式切换控制策略。该策略基于机电复合传动复杂模型，针对离合器滑摩阶段采用基于 MPCA 的转矩协调控制策略，解决了离合器传递转矩的不连续性所造成的冲击度与滑摩功的矛盾；针对制动器分离阶段采用基于电机转矩的动态补偿控制策略，有效地抑制了输出转矩波动。软件仿真和台架试验验证了机电复合传动在所提出的模式切换控制策略的作用下能够显著地改善模式切换品质。

| 10.3 研 究 展 望 |

机电复合传动的模式切换规则和切换控制品质是混合动力车辆燃油经济性、驾驶性能的关键，是一个具有巨大发展潜力的新兴研究领域。本书面向能量利用效率、车辆的高频动态特性和瞬态协调控制，致力于能协同能量管理策略、充分挖掘系统性能潜力的模式切换规则和保证模式切换过程稳定平顺的协调控制策略研究，但由于作者水平限制，同时混合车辆本身也是一个非常复杂的集成系统，想要最终在实车上取得良好的效果，尚需在以下方面展开进一步的研究：

（1）本书提出的经济性切换规则中，等效因子为一个控制参数，而实际应用时的能量管理策略中对于电功率权重因子（等效因子）最优值的近似估计的准确性对于系统性能发挥起到至关重要的作用，其取值越逼近全工况（或当前时刻）的最优值，模式切换规则越能起到更好的作用。

（2）本书中将驾驶员油门踏板与实际需求转矩间的映射关系简化为线性关系，而更符合实际的驾驶员模型显然将有助于提升本书的模式切换规则应用效果。此外，若将本书提出的模式切换规则嵌入带有良好的未来工况预测功能的模型预测控制（MPC）框架中，基于本书提出的一系列离线规则可对未来可能发生的模式切换做出提前预测，有助于提前确定瞬态模式切换控制策略的理想介入时段，在保证驾驶性能的同时减小对燃油经济性的影响。

（3）本书针对模式切换稳定性分析都是基于车辆直驶驱动模式，而在直驶或转向转换过程中，地面的驱动力和阻力的变化不但是驾驶员指令的函数，同时也在很大程度上受地面附着条件的影响，从而影响转向过程的方向稳定性与地面适应性，因此在转向过程中需要研究能够适应车辆与地面附着条件变化的控制规律。

（4）在模式切换过程中，电气部件会呈现开关、滞环或饱和等非线性特性，比如动力电池充放电电流与端电压和温度等参数的非线性关系，电机在考虑磁通可能存在饱和的前提下，本质上是 $d-q$ 轴电流与转速紧密耦合的高度非线性系统，电气参数在临界区的剧烈变化有可能会超出安全域甚至导致车辆的失控，因此，有必要进一步开展研究电气参数对机电复合传动模式切换稳定性的影响。

（5）本书针对模式切换规则的设计主要通过工程经验和试验调试来确定模式切换点的车速和操纵元件的速差，因此，如何准确定位模式切换控制策略的理想介入时段，设计能够充分挖掘系统性能潜力的模式切换规则，实现能量管理策略和模式切换控制策略的协同开发与应用，在保证驾驶性能的同时减小对燃油经济性的影响，是未来机电复合传动瞬态控制研究的重要方向。

参考文献

[1] 孙逢春，张承宁. 装甲车辆混合动力电传动技术 [M]. 北京：国防工业出版社，2008.

[2] HUANG K，XIANG C，LANGARI R. Model reference adaptive control of a series-parallel hybrid electric vehicle during mode shift [J]. Proceedings of the Institution of Mechanical Engineers，Part I：Journal of Systems and Control Engineering，2017，231（7）：541-553.

[3] HUANG K，XIANG C，MA Y，et al. Mode shift control for a hybrid heavy-duty vehicle with power-split transmission [J]. Energies，2017，10（2）：177.

[4] LIU J P H，FILIPI Z. Modeling and analysis of the Toyota Hybrid System [J]. TIc，2005，200：3.

[5] PARK J Y P Y K，AND PARK J H. Optimal power distribution strategy for series-parallel hybrid electric vehicles [C]. Proceedings of the Institution of Mechanical Engineers，Part D：Journal of Automobile Engineering，2008，222（6）：989-1000.

[6] LIU J P H. Control optimization for a power-split hybrid vehicle [C]. Proceedings of the 2006 American Control Conference Minneapolis，Minnesota，USA，June 14-16，2006.

[7] MANSOUR C C D. Dynamic modeling of the electro-mechanical configuration of the Toyota Hybrid System series-parallel power train [J]. International Journal of Automotive Technology，2012，13（1）：143-166.

［8］MUTA K Y M，TOKIEDA J. Development of new-generation hybrid system THS II-Drastic improvement of power performance and fuel economy［J］. SAE Transactions，2004，113（3）：182-192.

［9］MANSOUR C C D. Optimized energy management control for the Toyota hybrid system using dynamic programming on a predicted route with short computation time［J］. International Journal of Automotive Technology，2012，13（2）：309-324.

［10］J L. Modeling，configuration and control optimization of power-split hybrid vehicles［D］. USA：The University of Michigan，2007.

［11］FUKUO K F A，SAITO M，ET AL. Development of the ultra-low-fuel-consumption hybrid car—INSIGHT［J］. JSAE Review，2001，22（1）：95-103.

［12］Duoba M，N H，Larsen R. Characterization and comparison of two hybrid electric vehicles（HEVs）-Honda Insight and Toyota Prius［R］. SAE Technical Paper，2001.

［13］Kelly K J，Z M，Glinsky G，et al. Test results and modeling of the Honda Insight using ADVISOR［R］. in SAE Technical Paper，2001.

［14］Ogawa H，M M，Eguchi T. Development of a power train for the hybrid automobile—the Civic Hybrid［R］. SAE Technical Paper，2003.

［15］Chen L，Z F，Zhang M，et al. Design and analysis of an electrical variable transmission for a series ¨Parallel hybrid electric vehicle［J］. IEEE Transactions on Vehicular Technology，2011，60（5）：2354-2363.

［16］熊伟威. 混联式混合动力客车能量优化管理策略研究［D］. 上海：上海交通大学，2009.

［17］CHAU K T W Y S. Overview of power management in hybrid electric vehicles［J］. Energy Conversion and Management，2002，43：1953-1968.

［18］SALMASI F R. Control strategies for hybrid electric vehicles：evolution，classification，comparison，and future trends［J］. IEEE Transactions on Vehicular Technology，2007，56（5）：2393-2404.

［19］A. SCIARRETTA M B，L. GUZZELLA. Optimal control of parallel hybrid electric vehicles［J］. IEEE Transactions on Control Systems Technology，2004，12（3）：352-363.

［20］T VAN KEULEN D V M，B DE JAGER，ET AL. Design，implementation，and experimental validation of optimal power split control for hybrid electric trucks［J］.

Control Engineering Practice, 2012, 20: 547-558.

[21] Y J HUANG C L Y, J W ZHANG. Design of an energy management strategy for parallel hybrid electric vehicles using a logic threshold and instantaneous optimization method [J]. International Journal of Automotive Technology, 2009, 10: 513-521.

[22] H BANVAIT S A, Y B CHEN. A rule-based energy management strategy for plug-in hybrid electric vehicle (PHEV)[C]. Proceedings of the 2009 American Control Conference, Hyatt Regency Riverfront, USA, F, 2009.

[23] A. M. PHILLIPS M J, K. E. BAILEY. Vehicle system controller design for a hybrid electric vehicle: proceedings of the control applications [C]. Proceedings of the IEEE International Conference, F, IEEE, 2000.

[24] P. PISU G R. A comparative study of supervisory control strategies for hybrid electric vehicles [J]. IEEE Transactions on Control Systems Technology, 2007, 15 (3): 506-518.

[25] A SHEMSHADI S M T B, A A AZIRANI, et al. Design of sugeno-type fuzzy logic controller for torque distribution in a parallel hybrid vehicle [J]. International Review of Electrical Engineering-Iree, 2010, 5: 536-541.

[26] J S WON R L. Fuzzy torque distribution control for a parallel hybrid vehicle [J]. Expert Systems, 2002, 19: 4-10.

[27] H. D. LEE S K S. Fuzzy-logic-based torque control strategy for parallel-typehybrid electric vehicle [J]. IEEE Transactions on Industrial Electronics, 1998, 45 (4): 625-632.

[28] N. J. SCHOUTEN M S, N. KHEIR. Fuzzy logic control for parallel hybrid vehicles [J]. IEEE Transactions on Control Systems Technology, 2002, 10 (3): 460-468.

[29] KHEIR N A S M A, SCHOUTEN N J. Emissions and fuel economy trade-off for hybrid vehicles using fuzzy logic [J]. Mathematics and Computers in Simulation, 2004, 66 (2): 155-172.

[30] XIONG WEIWEI Z Y, YIN CHENGLIANG. Optimal energy management for a series-parallel hybrid electric bus [J]. Energy Conversion and Management, 2009, 50: 1730-1738.

[31] S. G.WIRASINGHA A E. Classification and review of control strategies for plug-in hybrid electric vehicles [J]. IEEE Transactions on Vehicular Technology, 2011, 60 (1): 111-122.

［32］Z. XIN S J, T. YI. Multi-objective optimization of hybrid electric vehicle control strategy with genetic algorithm［J］. Chinese Journal of Mechanical Engineering, 2009, 2: 009.

［33］TATE E D B S P. Finding ultimate limits of performance for hybrid electric vehicles, in SAE Technical Paper, 2000.

［34］R B. Dynamic programming and Lagrange multipliers［J］. Proceedings of the National Academy of Sciences, 1956, 42（10）: 767-769.

［35］BERTSEKAS D P B D P, BERTSEKAS D P, et al. Dynamic programming and optimal control［M］. Belmont, MA: Athena Scientific, 1995.

［36］P. B D. Dynamic programming and stochastic control［J］. 1976.

［37］C. C. LIN H P, J. W. GRIZZLE, et al. Power management strategy for a parallel hybrid electric truck［J］. IEEE Transactions on Control Systems Technology, 2003, 11（6）: 839-849.

［38］J. LIU H P. Modeling and control of a power-split hybrid vehicle［J］. IEEE Transactions on Control Systems Technology, 2008, 16（6）: 1242-1251.

［39］PEREZ L V B G R, MOITRE D, et al. Optimization of power management in a hybrid electric vehicle using dynamic programming［J］. Mathematics and Computers in Simulation, 2006, 73（1）: 244-254.

［40］WANG R L S M. Dynamic programming technique in hybrid electric vehicle optimization［C］. Proceedings of the Electric Vehicle Conference（IEVC）, 2012 IEEE International, F, IEEE, 2012.

［41］SCORDIA J D-R M, TRIGUI R, et al. Global optimisation of energy management laws in hybrid vehicles using dynamic programming［J］. International Journal of Vehicle Design, 2005, 39（4）: 349-367.

［42］AO G Q Q J X, ZHONG H, et al. Fuel economy and NO_x emission potential investigation and trade-off of a hybrid electric vehicle based on dynamic programming［J］. Proceedings of the Institution of Mechanical Engineers, Part D: Journal of Automobile Engineering, 2008, 222（10）: 1851-1864.

［43］VINOT E T R, CHENG Y, et al. Improvement of an EVT-based HEV using dynamic programming［J］. IEEE Transactions on Vehicular Technology, 2014, 63（1）: 40-50.

［44］LUUS R L L. Optimal control of engineering processes［M］. Waltham, Mass: Blaisdell, 1967.

［45］SCIARRETTA L G. Control of hybrid electric vehicles［J］. IEEE Transactions

on Control Systems, 2007, 27 (2): 60-70.

［46］VINOT E T R, JEANNERET B, et al. HEVS comparison and components sizing using dynamic programming ［C］. Proceedings of the 2007 IEEE Vehicle Power and Propulsion Conference, F, 2007.

［47］JOHANNESSON L A M, EGARDT B. Assessing the potential of predictive control for hybrid vehicle powertrains using stochastic dynamic programming ［J］. IEEE Transactions on Intelligent Transportation Systems, 2007, 8 (1): 71-83.

［48］E D TATE J W G, H PENG. SP-SDP for fuel consumption and tailpipe emissions minimization in an EVT hybrid ［J］. IEEE Transactions on Control Systems Technology, 2010, 18: 673-687.

［49］MOURA S J F H K, CALLAWAY D S, et al. A stochastic optimal control approach for power management in plug-in hybrid electric vehicles ［J］. IEEE Transactions on Control Systems Technology, 2011, 19 (3): 545-555.

［50］JOHANNESSON L E B. Approximate dynamic programming applied to parallel hybrid powertrains ［J］. IFAC Proceedings Volumes, 2008, 41 (2): 3374-3379.

［51］LIN C C P H, GRIZZLE J W. A stochastic control strategy for hybrid electric vehicles ［C］. Proceedings of the American Control Conference, F, IEEE, 2004.

［52］G PAGANELLI T G, S DELPRAT, et al. Simulation and assessment of power control strategies for a parallel hybrid car ［C］. Proceedings of the Institution of Mechanical Engineers, Part D: Journal of Automobile Engineering, 2000, 214: 705-717.

［53］G PAGANELLI M T, A BRAHMA, et al. Control development for a hybrid-electric sport-utility vehicle: strategy, implementation and field test results ［C］. Proceedings of the 2001 American Control Conference, Arlington, VA, USA.

［54］PAGANELLI G E G, BRAHMA A, et al. General supervisory control policy for the energy optimization of charge-sustaining hybrid electric vehicles ［J］. JSAE Review, 2001, 22 (4): 511-518.

［55］N KIM S C, H PENG. Optimal control of hybrid electric vehicles based on Pontryagin's minimum principle ［J］. IEEE Transactions on Control Systems Technology, 2011, 19: 1279-1287.

［56］KIM N R A. Sufficient conditions of optimal control based on Pontryagin's minimum principle for use in hybrid electric vehicles [J]. Proceedings of the Institution of Mechanical Engineers, Part D: Journal of Automobile Engineering, 2012, 226 (9): 1160-1170.

[57] P. S O. A practical implementation of a near optimal energy management strategy based on the Pontryagin's minimum principle in a PHEV [D]. Columbus: The Ohio State University, 2012.

[58] 郑海亮. 机电复合传动系统实时功率分配优化控制研究 [D]. 北京: 北京理工大学, 2015.

[59] 林歆悠, 孙冬野, 邓涛. 基于极小值原理的混联混合动力客车能量管理策略优化 [J]. 汽车工程, 2012, (10): 865-870.

[60] SERRAO L O S, RIZZONI G. ECMS as a realization of Pontryagin's minimum principle for HEV control [C]. Proceedings of the 2009 Conference on American Control Conference, F, IEEE, 2009.

[61] E. F. CAMACHO C B A. Model predictive control [M]. Springer Science & Business Media, 2013.

[62] ROSSITER J A. Model-based predictive control: a practical approach [M]. CRC press, 2013.

[63] G. RIPACCIOLI D B, C. S. DI, et al. A stochastic model predictive control approach for series hybrid electric vehicle power management [C]. Proceedings of the American Control Conference, F, IEEE, 2010.

[64] M. BICHI G R, C. S. DI, et al. Stochastic model predictive control with driver behavior learning for improved powertrain control [C]. Proceedings of the Decision and Control (CDC), 49th IEEE Conference, F, 2010.

[65] KIM T S M C, SHARMA R. Model predictive control of velocity and torque split in a parallel hybrid vehicle [C]. Proceedings of the Systems, Man and Cybernetics, 2009 SMC 2009 IEEE International Conference, F, IEEE, 2009.

[66] A. VAHIDI A S, H. PENG. Current management in a hybrid fuel cell power system: a model-predictive control approach [J]. IEEE Transactions on Control Systems Technology, 2006, 14 (6): 1047-1057.

[67] P. P. Predictive control of hybrid vehicle powertrain for intelligent energy management [M]. Michigan Technological University, 2012.

[68] H. BORHAN A V, A. M. PHILLIPS, et al. MPC-based energy management of a power-split hybrid electric vehicle [J]. IEEE Transactions on Control Systems Technology, 2012, 20 (3): 593-603.

［69］A. VAHIDI A S， H. PENG. Model predictive control for starvation prevention in a hybrid fuel cell system［C］. Proceedings of the American Control Conference，F，IEEE，2004.

［70］BORHAN H A Z C，VAHIDI A，et al. Nonlinear model predictive control for power-split hybrid electric vehicles［C］. Proceedings of the 49th IEEE Conference on Decision and Control（CDC），F，IEEE，2010.

［71］DI CAIRANO S B D，BEMPORAD A，et al. Stochastic MPC with learning for driver-predictive vehicle control and its application to HEV energy management［J］. IEEE Transactions on Control Systems Technology，2014，22（3）：1018-1031.

［72］SAMPATHNARAYANAN B S L，ONORI S，et al. Model predictive control as an energy management strategy for hybrid electric vehicles［C］. Proceedings of the ASME 2009 Dynamic Systems and Control Conference，F，American Society of Mechanical Engineers，2009.

［73］MINH V T R A A. Modeling and model predictive control for hybrid electric vehicles［J］. International Journal of Automotive Technology，2012，13（3）：477-485.

［74］朱元，吴志红，陆科. 行星齿轮混合动力汽车驱动模式的切换规则［J］. 同济大学学报（自然科学版），2009（07）：948-954.

［75］KIM J K T，MIN B，et al. Mode control strategy for a two-mode hybrid electric vehicle using electrically variable transmission（EVT）and fixed-gear mode［J］. IEEE Transactions on Vehicular Technology，2011，60（3）：793-803.

［76］AHN K C S W. Developing mode shift strategies for a two-mode hybrid powertrain with fixed gears［J］. SAE International Journal of Passenger Cars-Mechanical Systems，2008：285-292.

［77］LIN C C P H，GRIZZLE J W，et al. Power management strategy for a parallel hybrid electric truck［J］. IEEE Transactions on Control Systems Technology，2003，11（6）：839-849.

［78］ZHU F Y C，CHEN L，et al. Analysis and simulation of a novel HEV using a single electric machine［C］. Proceedings of the Electric Vehicle Symposium and Exhibition（EVS27），F，IEEE，2013.

［79］CHEN L Z F，ZHANG M，et al. Design and analysis of an electrical variable transmission for a series—Parallel hybrid electric vehicle［J］. IEEE Transactions on Vehicular Technology，2011，60（5）：2354-2363.

［80］XIONG W Z Y，YIN C. Optimal energy management for a series—Parallel hybrid electric bus［J］. Energy Conversion and Management，2009，50（7）：1730-1738.

［81］韩立金. 功率分流混合驱动车辆性能匹配与控制策略研究［D］. 北京：北京理工大学，2010.

［82］DAVIS R I，LORENZ R D. Engine torque ripple cancellation with an integrated starter alternator in a hybrid electric vehicle：implementation and control［J］. IEEE Transactions on Industry Applications，2003，39（6）：1765-1774.

［83］童毅. 并联式混合动力系统动态协调控制问题的研究［D］. 北京：清华大学，2004.

［84］童毅，欧阳明高，张俊智. 并联式混合动力汽车控制算法的实时仿真研究［D］. 北京：清华大学，2003.

［85］杜波. 单电机重度混合动力汽车模式切换与 AMT 换挡平顺性控制策略研究［D］. 重庆：重庆大学，2012.

［86］杜波，秦大同，段志辉，等. 新型混合动力汽车动力切换动态过程分析［J］. 汽车工程，2011，33（12）：1018-1023.

［87］杜常清. 车用并联混合动力系统瞬态过程控制技术研究［D］. 武汉：武汉理工大学，2009.

［88］杨军伟. 单轴并联混合动力系统动态协调控制策略研究［D］. 北京：北京理工大学，2015.

［89］BECK R，RICHERT F，BOLLIG A，et al. Model predictive control of a parallel hybrid vehicle drivetrain［C］. Proceedings of the 44th IEEE Conference on Decision and Control，F，IEEE，2005.

［90］LEE H D，SUL S K，CHO H S，et al. Advanced gear-shifting and clutching strategy for a parallel-hybrid vehicle［J］. IEEE Industry Applications Magazine，2000，6（6）：26-32.

［91］FALCONE F J，BURNS J，NELSON D J. 0148-7191［R］. SAE Technical Paper，2010.

［92］HWANG H S，YANG D，CHOI H，et al. Torque control of engine clutch to improve the driving quality of hybrid electric vehicles［J］. International Journal of Automotive Technology，2011，12（5）：763.

［93］KIM S，PARK J，HONG J，et al. 0148-7191［R］. SAE Technical Paper，2009.

［94］MINH V，RASHID A. Modeling and model predictive control for hybrid electric

vehicles［J］. International Journal of Automotive Technology，2012，13（3）：477-485.

［95］ GU Y，YIN C，ZHANG J. Optimal torque control strategy for parallel hybrid electric vehicle with automatic mechanical transmission［J］. Chinese Journal of Mechanical Engineering（English Edition），2007，20（1）：16-20.

［96］ 王庆年，冀尔聪，王伟华. 并联混合动力汽车模式切换过程的协调控制［J］. 吉林大学学报（工学版），2008，38（1）：1-6.

［97］ 王印束. 双离合器式混合动力传动系统模式切换品质仿真研究［D］. 长春：吉林大学汽车工程学院，2009.

［98］ 张军，周云山，黄伟，等. 四驱混合动力汽车模式切换平顺性研究［J］. 湖南大学学报（自然科学版），2011，38（8）：24-27.

［99］ 李显阳. 并联混合动力汽车模式切换动态协调控制的仿真研究［D］. 北京：北京交通大学，2014.

［100］孙静. 混合动力电动汽车驱动系统优化控制策略研究［D］. 济南：山东大学，2015.

［101］吴睿. 基于动态特性的混合动力汽车模式切换控制研究［D］. 重庆：重庆大学，2016.

［102］HONG S，CHOI W，AHN S，et al. Mode shift control for a dual-mode power-split-type hybrid electric vehicle［C］. Proceedings of the Institution of Mechanical Engineers，Part D：Journal of Automobile Engineering，2014，228（10）：1217-1231.

［103］ZHANG H，ZHANG Y，YIN C. Hardware-in-the-loop simulation of robust mode transition control for a series-parallel hybrid electric vehicle［J］. IEEE Transactions on Vehicular Technology，2015，65（3）：1059-1069.

［104］ZENG X，YANG N，WANG J，et al. Predictive-model-based dynamic coordination control strategy for power-split hybrid electric bus［J］. Mechanical Systems and Signal Processing，2015，60：785-798.

［105］CHEN L，XI G，SUN J. Torque coordination control during mode transition for a series-parallel hybrid electric vehicle［J］. IEEE Transactions on Vehicular Technology，2012，61（7）：2936-2949.

［106］王磊，张勇，舒杰，等. 基于模糊自适应滑模方法的混联式混合动力客车模式切换协调控制［J］. 机械工程学报，2012，14：119-127.

［107］TOMURA S，ITO Y，KAMICHI K，et al. 0148-7191［R］：SAE Technical Paper，2006.

［108］WANG C，ZHAO Z，ZHANG T，et al. Mode transition coordinated control for a compound power-split hybrid car［J］. Mechanical Systems and Signal Processing，2017，87：192-205.

［109］CHEN J S，HWANG H Y. Engine automatic start-stop dynamic analysis and vibration reduction for a two-mode hybrid vehicle［J］. Proceedings of the Institution of Mechanical Engineers，Part D：Journal of Automobile Engineering，2013，227（9）：1303-1312.

［110］HWANG H Y. Minimizing seat track vibration that is caused by the automatic start/stop of an engine in a power-split hybrid electric vehicle［J］. Journal of Vibration and Acoustics，2013，135（6）.

［111］KOPRUBASI K，WESTERVELT E，RIZZONI G. Toward the systematic design of controllers for smooth hybrid electric vehicle mode changes［C］. Proceedings of the 2007 American Control Conference，F，IEEE，2007.

［112］SOLIMAN I S，SYED F U，YAMAZAKI M. 0148-7191［R］：SAE Technical Paper，2010.

［113］KIM H，KIM J，LEE H. Mode transition control using disturbance compensation for a parallel hybrid electric vehicle［J］. Proceedings of the Institution of Mechanical Engineers，Part D：Journal of Automobile Engineering，2011，225（2）：150-166.

［114］赵治国，何宁，朱阳，等. 四轮驱动混合动力轿车驱动模式切换控制［J］. 机械工程学报，2011，47（4）：100-109.

［115］朱福堂. 单电机多模式混合动力系统的架构设计分析与模式切换研究［D］. 上海：上海交通大学，2014.

［116］YANG C，JIAO X，LI L，et al. A robust H_∞ control-based hierarchical mode transition control system for plug-in hybrid electric vehicle［J］. Mechanical Systems and Signal Processing，2018，99：326-344.

［117］其鲁. 电动汽车用锂离子二次电池［M］. 北京：科学出版社，2010.

［118］桂长青. 动力电池［M］. 北京：机械工业出版社，2009.

［119］RAVISBAR RAO S V，DALER N. RAKBMATOV. Battery modeling for energy-aware system design［J］. Computer，2003，36（12）：77-87.

［120］冯飞. 混合动力车储能系统特性及其管理技术研究［D］. 哈尔滨：哈尔滨工业大学，2010.

［121］BERNHARD SCHWEIGHOFER K M R，GEORG BRASSEUR. Modeling of high power automotive batteries by the use of an automated test system［J］.

IEEE Trasactions on Instrumentation and Measurement，2003，52（4）：1087-1091.

［122］郭宏榆，姜久春，王吉松，等. 功率型锂离子动力电池的内阻特性［J］. 北京交通大学学报，2011，35（5）：119-123.

［123］PAUL NELSON D D，KHALIL AMINE，ET AL. Modeling thermal management of lithium-ion PNGV batteries［J］. Journal of Power Sources，2002，110：349-356.

［124］张宾，郭连兑，李宏义，等. 电动汽车用磷酸铁锂离子电池的 PNGV 模型分析［J］. 电源技术，2009，33（5）：417-421.

［125］Y. HU S Y. Linear parameter varying battery model identification using subspace methods［J］. Journal of Power Sources，2011，196：2913-2923.

［126］熊瑞. 基于数据模型融合的电动车辆动力电池组状态估计研究［D］. 北京：北京理工大学，2014.

［127］牛利勇，时玮，姜久春，等. 纯电动汽车用磷酸铁锂电池的模型参数分析［J］. 汽车工程，2013，35（2）：127-132.

［128］MILLER J M. 超级电容器的应用［M］. 北京：机械工业出版社，2014.

［129］刘春娜. 超级电容器应用展望［J］. 电源技术，2010，34（9）：979-980.

［130］HONGMEI WANG Q W，BAOZAN HU，et al. The novel hybrid energy storing unit design for hybrid excavator by the effective integration of ultracapacitor and battery［C］. IEEE/ASME International Conference on Advance Intelligent Mechatronics，Wollongong，2013：1585-1590.

［131］PENNESTRI E F F. A systematic approach to power-flow and static-force analysis in epicyclic spur-gear trains［J］. Journal of Mechanical Design，1993，115（3）：639-644.

［132］ANDERSON N E，L S H. Comparison of spur gear efficiency prediction methods［R］. Army Research and Technology Labs，Cleveland，OH，United States，1983.

［133］S. P L. Mathematical theory of optimal processes［M］. CRC Press，1987.

［134］WEI X G L，UTKIN V I，ET AL. Model-based fuel optimal control of hybrid electric vehicle using variable structure control systems［J］. Journal of Dynamic Systems，Measurement，and Control，2007，129（1）：13-19.

［135］GUZZELLA L S A. Vehicle propulsion systems［M］. Springer-Verlag Berlin Heidelberg，2007.

［136］C. MUSARDO G R，Y. GUEZENNEC，ET AL. A-ECMS：an adaptive algorithm for hybrid electric vehicle energy management［J］. European Journal of Control，2005，11（4）：509-524.

[137] MUSARDO C S B. Energy management strategies for hybrid electric vehicles [D]. Politecnico di Milano，2003.

[138] KIM N C S W，PENG H. Optimal equivalent fuel consumption for hybrid electric vehicle [J]. IEEE Transactions on Control Systems Technology，2012，20（3）：817-825.

[139] RIZZONI B G A G. An adaptive algorithm for hybrid electric vehicle energy management based on driving pattern recognition [C]. Proceedings of the 2006 ASME International Mechanical Engineering Congress and Exposition，F，IEEE，2006.

[140] CHASSE A P-G P，SCIARRETTA A. Online implementation of an optimal supervisory control for a parallel hybrid powertrain [J]. SAE International Journal of Engines，2009，2（2009-01-1868）：1630-1638.

[141] ROUSSEAU A，KWON J，SHARER P，et al. Integrating data, performing quality assurance，and validating the vehicle model for the 2004 Prius using PSAT [R]. SAE Technical Paper，2006.

[142] PONTRYAGIN L S. Mathematical theory of optimal processes [M]. CRC Press，1987.

索　引